千万不要打开这本数学书

乘除法

[美]达妮卡·麦凯勒（Danica McKellar） 著

[美]约瑟·马斯（Josée Masse） 绘

孔令稚 译

CNS 湖南少年儿童出版社 HUNAN JUVENILE & CHILDREN'S PUBLISHING HOUSE 小博集 BOOKY KIDS

·长沙·

著作权合同登记号：图字 18-2022-236

图书在版编目（CIP）数据

千万不要打开这本数学书．乘除法 /（美）达妮卡·麦凯勒（Danica McKellar）著；（美）约瑟·马斯绘；孔令稚译．-- 长沙：湖南少年儿童出版社，2023.7

ISBN 978-7-5562-6094-2

Ⅰ．①千… Ⅱ．①达… ②约… ③孔… Ⅲ．①数学 — 儿童读物 Ⅳ．① O1-49

中国国家版本馆 CIP 数据核字（2023）第 067356 号

QIANWAN BUYAO DAKAI ZHE BEN SHUXUESHU CHENGCHUFA
千万不要打开这本数学书 乘除法

[美] 达妮卡·麦凯勒（Danica McKellar）著　[美] 约瑟·马斯（Josée Masse）绘
孔令稚 译

责任编辑：张　新　李　炜　策划出品：李　炜　张苗苗
策划编辑：蔡文婷　特约编辑：董　月　张晓璐
营销编辑：付　佳　杨　朔　周　然　版权支持：王立萌
封面设计：袁　芳　版式排版：马睿君

出 版 人：刘星保
出　　版：湖南少年儿童出版社
地　　址：湖南省长沙市晚报大道 89 号
邮　　编：410016　电话：0731-82196320
常年法律顾问：湖南崇民律师事务所柳成柱律师
经　　销：新华书店
开　　本：700 mm × 980 mm　1/16　印　　刷：北京中科印刷有限公司
字　　数：206 千字　印　　张：14
版　　次：2023 年 7 月第 1 版　印　　次：2023 年 7 月第 1 次印刷
书　　号：ISBN 978-7-5562-6094-2　定　　价：39.80 元

若有质量问题，请致电质量监督电话：010-59096394
团购电话：010-59320018

献给我的小淘气德拉科

虽然你已经慢慢长大，但在很多方面，你依旧是我永恒的灵感源泉。

你有着老鼠先生的各种优点，可你撒娇的模样又像极了松鼠小姐……

不论是哪种模样的你，我都满心喜爱！

“新数学”VS 背诵乘法口诀表!

给家长的一封信

很高兴能在这本书中分享一些有趣的学习方法，来帮助孩子学习乘除法运算，这些都是年幼时的我曾无比渴求的！接下来我将详细介绍这些学习方法。

当我们还是孩子时，大都通过死记硬背乘法口诀表，再加上大量（且痛苦）的练习，才能熟练运用乘法计算解决复杂的数学题。虽然有时我们也对这样的数学感到厌恶，并且投入了超出预期的精力，但最终计算出了正确答案，不是吗?

而如今盛行的“新数学”则是提倡采用更加直观的方法，将重点放在向小孩子们传达数学公式所表达的实际含义上。每个抽象的数字公式背后都有具体的含义。虽然在某些时候，这样的方法确实能展现优势，但更多的时候，特别是在面对三、四年级越发困难的家庭作业时，这种新思维反而会让家长们忍不住抓掉自己的头发！（请见 223 页，或许能让你免去掉头发的苦恼。）

另外，很多数学老师在所谓的新式教学方法上耗费了太多的时间，以至于没有足够的时间帮助小朋友们背诵乘法口诀表——而这才是解决诸多数学难题的法宝。

我在本书中采用了双管齐下的策略，既注重传达数学算式的内在含义，也注重乘法口诀的记忆和背诵。书中的乘除法教学方法——甚至包括了多位数乘法和长除法——既可以帮助孩子们应对考试，还可以帮助家长们明白那

些看似复杂的家庭作业究竟代表了什么。

另外，我特别想与你分享本书的第五章：时空穿梭机的核心科技。这一章中有许多有趣的方法，能够帮助孩子们学习和巩固乘法口诀表。孩子们可以通过故事、儿歌和趣味图片记忆乘法口诀表，这将极大地提升他们的数学运算能力。熟练掌握乘法口诀表是轻松地完成四、五年级的数学课程的关键。同理，这也将影响整个初中和高中的数学学习。

恭喜你！翻开这本书，和你的孩子一起踏上欢乐的阅读之旅吧！

Danica

又及：一般来讲，三、四年级的孩子能够独自阅读书中的内容，但我仍然建议家长和孩子一起享受这次阅读。或许，你也会被书中的老鼠先生和松鼠小姐逗笑呢！

书中有各式各样的数学游戏，邀请孩子一起解决实际问题吧。不过，我没有在书中留出空白处让孩子做题，但你可以另外准备纸笔。我是特意这样设计的：这样能保持页面整洁，孩子也能通过多次练习熟能生巧。当然，这样也方便将本书借给其他小朋友阅读。那么，就让我们开始愉快的数学之旅吧！

介绍

你好呀，是我，达妮卡！很高兴又和你见面啦！还记得我们在《千万不要打开这本数学书 加减法》中度过的美好时光吗？
千万不要
打开这本数学书
加减法
顺便说一下，那本书的书名是老鼠先生起的。我本想拦着他，但已经来不及了！他以迅雷不及掩耳之势与编辑联系上了。
现在的你已经学会了加法和减法。你一定也做好了充分准备，可以继
向乘法和除法进军了。恭喜你，你现
终于有能力登陆《千万不要打开这本数学书 乘除法》啦！
我们这是要去哪儿？我还以为要去吃午饭呢。
这里是图书馆，我有一个十分特别的惊喜给你。
哇，真酷。对了，这就是我常常提起的好朋友——松鼠小姐。
哇，真的是达妮卡耶！我非常喜欢数学，也喜欢关于数学的一切！
真的吗？我有些惊讶呢！
你这是什么意思？
因为在上本书中，老鼠先生可
什么干劲呢。
怎么会，我一直很积极的。
积极学习数学？
积极寻找食物。

好吧，大家跟我来吧！

这是时空穿梭机，是一台神秘的魔法机器，只有准备好学习乘除法的小朋友才能进入哦！
等等——这是时空穿梭机？

对，这就是时空穿梭机。只要我们进入这里，这里的遥控装置就能将我们送到历史上任意时间和任意地点，帮助我们学习乘法和除法。我们可以自由选择目的地，也可以让时光机来安排行程！
时空穿梭机，请带我们去我家客厅！

呼啦！

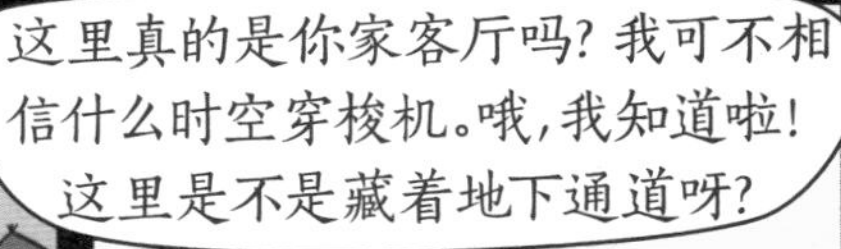
这里真的是你家客厅吗？我可不相信什么时空穿梭机。哦，我知道啦！这里是不是藏着地下通道呀？
冷静，老鼠先生。我家客厅是一个很好的时空穿梭空间站，我们会从这里开启每一章的奇妙数学之旅。

哇，神奇的数学！学习新知识真让我激动啊！
首先，我们来聊一聊乘法的含义。我们还会学习一些小技巧，来帮助背诵乘法口诀表。当然，我们还可以聊一聊相关的历史故事。那么，我们这就出发吧！

哇，这些都是我们将搭乘时空穿梭机前往的地方！

第一章

神奇的行军蚁和古罗马：什么是乘法

行军蚁：乘法阵列！

瞧，这里有一队行军蚁，而我们需要知道这群蚂蚁的总数。仔细看，它们的列队有 4 行 5 列：

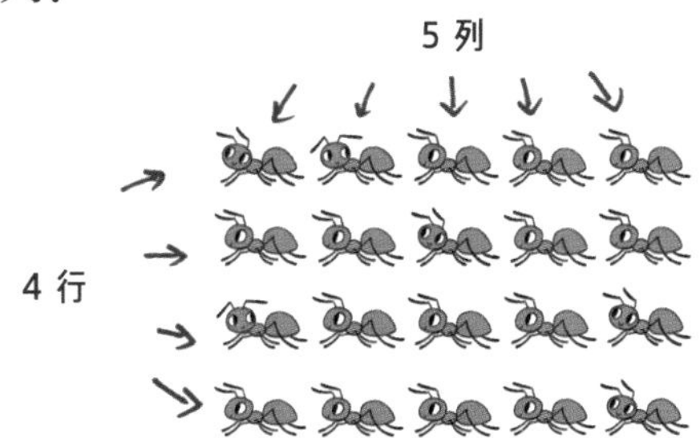

我们将每一行的行军蚁分为 1 组。这里共有 4 组，每组里都有 5 只行军蚁：

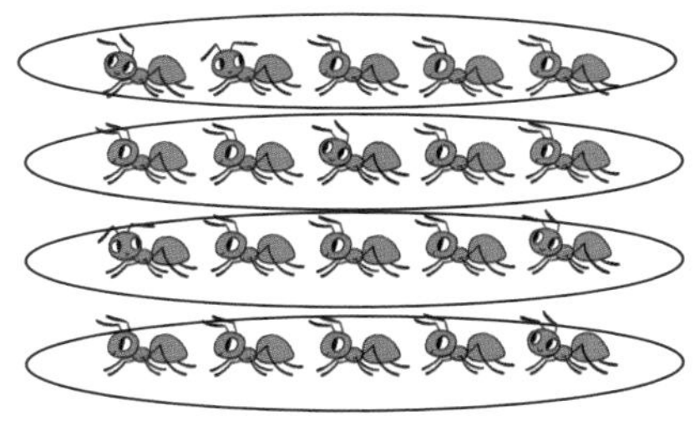

4 组，每组有 5 只行军蚁

那么，我们如何知道这里总共有多少只行军蚁呢？嗯，我们可以挨个数一数，但这样未免太浪费时间了。如果我们一行一行地将它们加起来呢？也就是 5 + 5 + 5 + 5。我们从第一行的 5 只蚂蚁开始，然后用 5 + 5 = 10 求出前两行的蚂蚁数量，再加上第三行的蚂蚁 10 + 5 = 15，最后加上第四行的蚂蚁，得到 15 + 5 = 20。真棒！不过，这似乎也挺费劲的，我们需要小心地加上正确次数的数字 5。别急，我这里还有更酷的计算方法。我们可以采用以 5 为基数的跳跃计数法，然后选取第四项数字作为答案：5，10，15，20。（更多关于跳跃计数法的内容可阅读 32 页。）

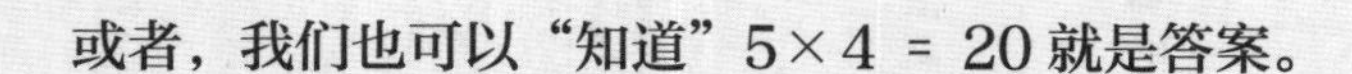

或者，我们也可以“知道”5×4 = 20就是答案。

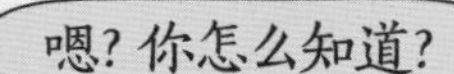

嗯？你怎么知道？

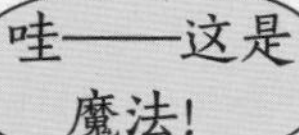

你不会是事先将答案背下来了吧？
哇——这是魔法！

嗯，的确如魔法一般，但这其实就是乘法运算！

???
这是什么
???

乘法就是不断重复的加法。举个例子：

★ 3×2：“3乘2”表示“3的2倍”；也就是说：

3 + 3

★ 6×4：“6乘4”表示“6的4倍”；也就是说：

6 + 6 + 6 + 6

★ 9×8：“9乘8”表示“9的8倍”；也就是说：

9 + 9 + 9 + 9 + 9 + 9 + 9 + 9

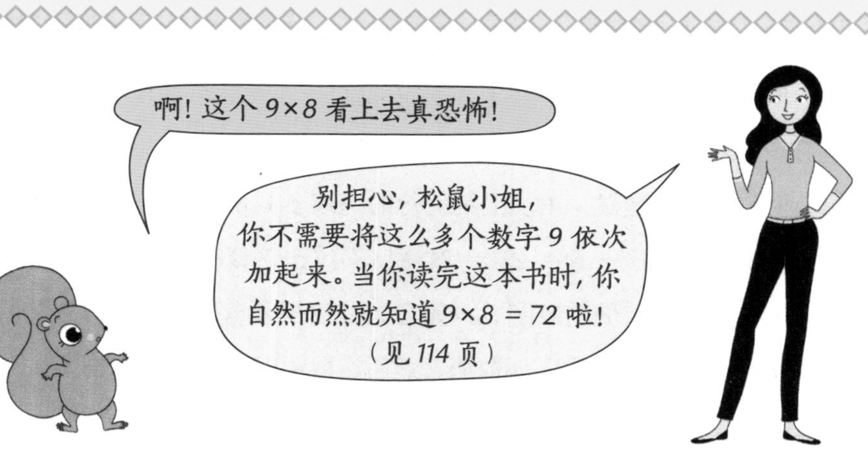

啊！这个9×8看上去真恐怖！
别担心，松鼠小姐，
你不需要将这么多个数字9依次
加起来。当你读完这本书时，你
自然而然就知道9×8 = 72啦！

在我们真正学习乘法口诀之前，先让我们用几章节的时间来思考一下乘法运算。如果想要直观地“看见”乘法，我们可以将物品一行行、一列列地摆放起来，就像先前的行军蚁一样。这样的队列就叫作阵列。

阵列指的是事物按照行和列组合起来。比如：

3 列

4 行

★ ★ ★
★ ★ ★
★ ★ ★
★ ★ ★

这个阵列包含 4 行 3 列。我们可以称它为一个“4×3 阵列”。

如果我们知道一个阵列的行数和列数，那我们就能用数学语言来描述这个阵列。比如，在下图中，我们看见了 2 行 5 列，那么我们就能用 2×5 来描述它——也就是说这里包含了 2 组，每组有 5 个！

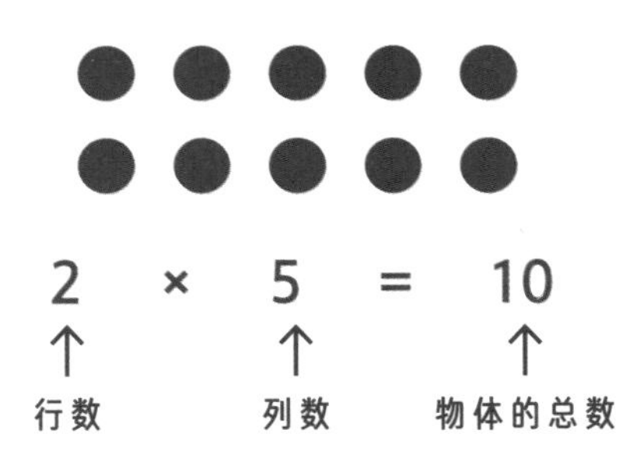

这里一共有 10 个圆点，用数学语言可以描述为 $2\times5=10$。上方的星星阵列也可以用 $4\times3=12$ 这个乘法公式来表达。怎么样，挺简单的吧？

古罗马：行与列的对比

我们怎么样才能记住行和列之间的区别呢？我现在都已经搞不清楚了。
嗯，不如借用古罗马建筑中的柱子来帮助我们记忆吧！
啊，要去古罗马吗？时空穿梭机！时空穿梭机！我们出发吧！
运行中
等等，我并不想——
呼啦！
哇！我们这是在哪儿呀？现在是哪一年呢？
我们来到了公元前 45 年的古罗马，也就是现在的意大利！就像我刚才说的，在谈论列时，我会想起这些高大的古罗马柱子。数学中的列代表的就是像这些柱子一样从上至下排列的物体。你们懂我的意思吗？
这里有 3 根高大的柱子，所以这个阵列中包含 3 列，对吧？当然，其中还包含了横着的 6 行。
3 列！
哇！我还知道那时候需要依靠人力划桨来让小船前行，因为公元前 45 年还没有电动船呢。
对呀，他们的船桨从船的两侧延伸出来——就像是数学阵列中从左到右、横着排列的行一样！
6 行！
老鼠先生，你怎么也激动起来了？
都怪松鼠小女

学习笔记

行与列

在乘法算式中，我们通常将行数写在前面。所以 4×5 指的是一个 4 行 5 列的阵列。为了记住要把行放在前面，我会想象古罗马人正划着桨航行，漂洋过海来看一列列高大的古罗马柱子。

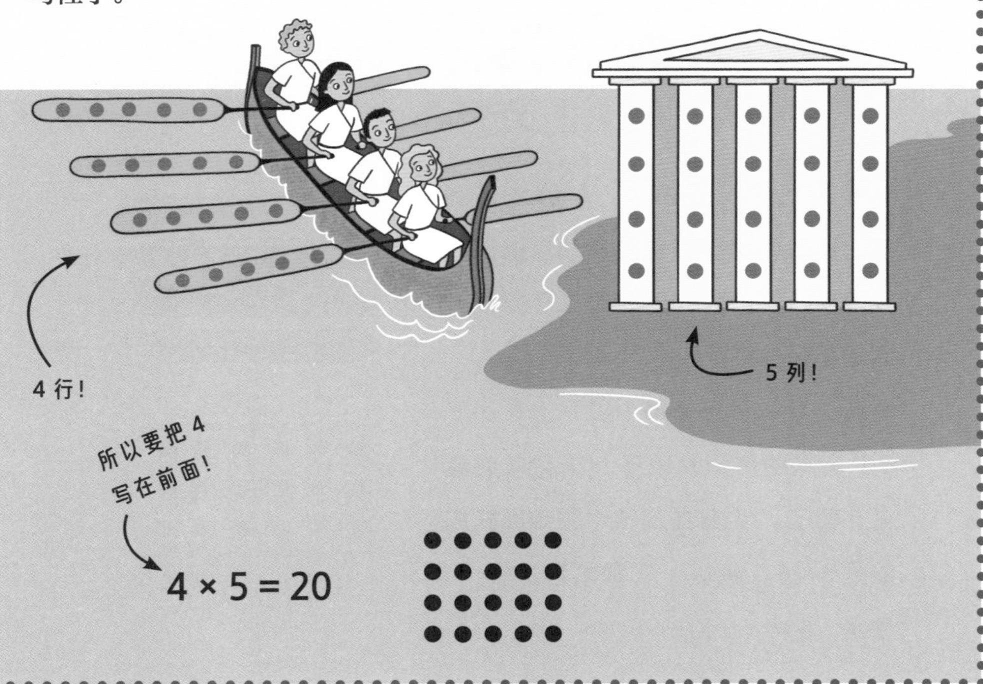

让我们来练习刚刚学到的乘法阵列吧！

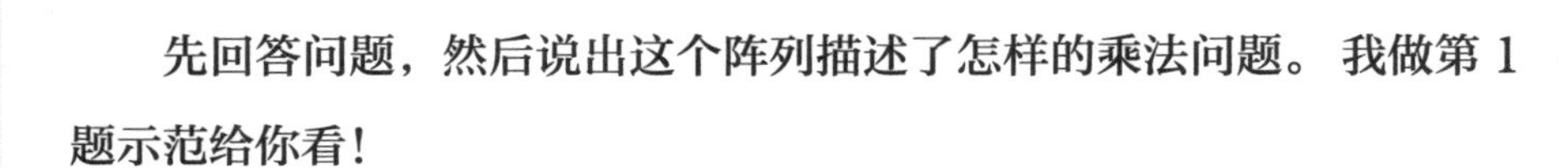

先回答问题，然后说出这个阵列描述了怎样的乘法问题。我做第1题示范给你看！

1. 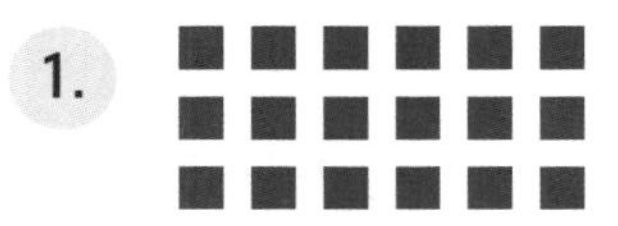

这个阵列中有多少行？有多少列？

_?_ × 6 = 18

一起来玩吧：哪些是行、哪些是列呢？让我们想象古罗马人划着船桨朝大海航行，一只只船桨组成了行，所以这里一共有3行！

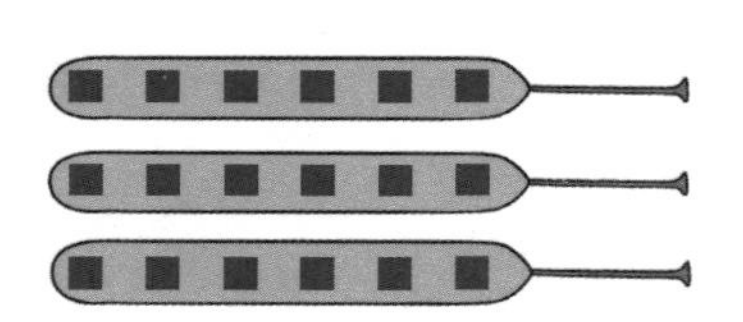

然后，我们再想象每个船桨上长出了6个高大的古罗马柱子，这样就能看见6列了。也就是说这个乘法算式应该是3×6。所以，答案就是3啦！

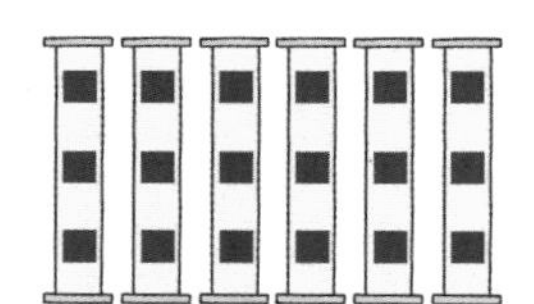

答案：3行，6列；3×6 = 18

2. 3. 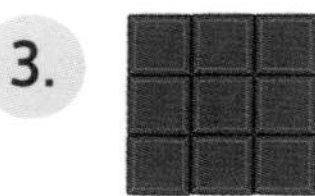  4.

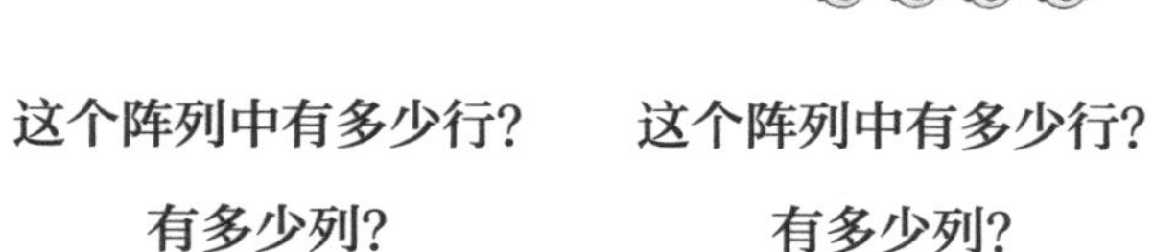

2.	3.	4.
这个阵列中有多少行？有多少列？	这个阵列中有多少行？有多少列？	这个阵列中有多少行？有多少列？
2× _?_ = 16	3× _?_ = 9	_?_ ×4 = 12

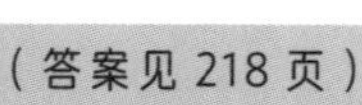

（答案见218页）

5.

这个阵列中有多少行?

有多少列?

4× __?__ = 12

6.

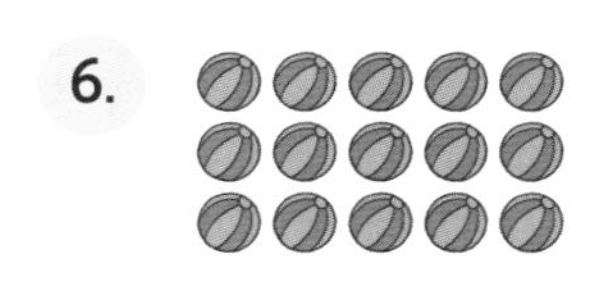

这个阵列中有多少行?

有多少列?

3× __?__ = 15

7.

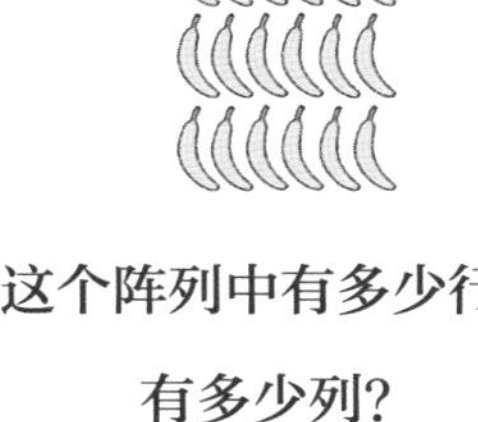

这个阵列中有多少行?

有多少列?

4× __?__ = 24

8.

这个阵列中有多少行?

有多少列?

5× __?__ = 25

9.

这个阵列中有多少行?

有多少列?

__?__ ×7 = 21

10.

这个阵列中有多少行?

有多少列?

4× __?__ = 36

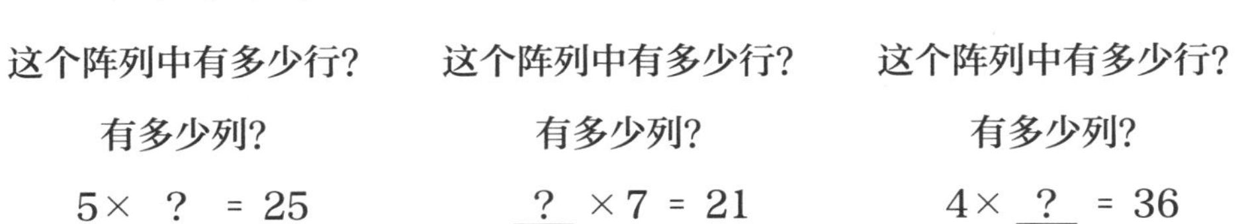

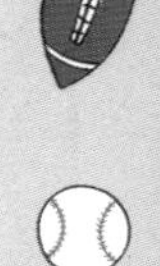

(答案见 218 页)

玩具工厂之旅：乘数和乘积

就如工厂可以制造产品一样，乘数也能产生乘积。我们可以通过这句话来记忆乘法算式中的各个组成部分的名称！

乘数和乘积

在所有乘法算式中，两个相乘的数字叫作乘数，得出的结果叫作乘积。比如，在 $3\times5=15$ 中，3 和 5 就是两个乘数，它们俩相乘的结果为 15，所以算式的乘积为 15。两个乘数 10 和 7 相乘得到的乘积就是 70。

$$3 \times 5 = 15$$

乘数 乘数 乘积

$$10 \times 7 = 70$$

乘数 乘数 乘积

等一等，所以乘法算式中第一个乘数就是阵列中的行数吗？

对的，如果我们将算式展开，变成阵列，那么阵列中的行数就是算式中的第一个乘数。你瞧！

一共有 28 个圆点！

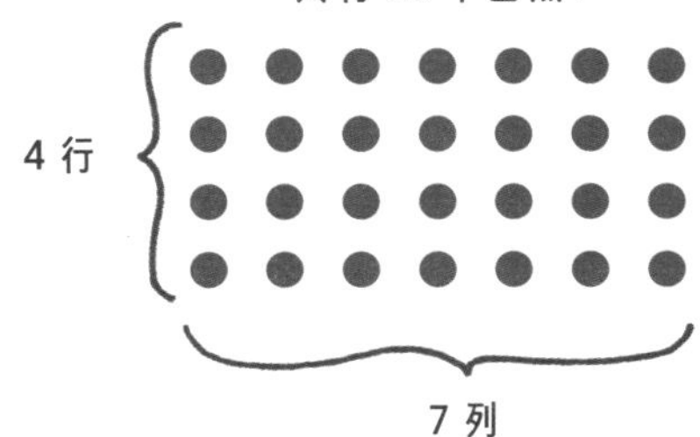

乘数 乘积

$$4 \times 7 = 28$$

学习笔记

乘法交换律

在乘法算式中，交换乘数的位置并不会改变算式的乘积。也就是说，2×5 和 5×2 得出的结果是一样的，都等于 10。如果我们将阵列旋转起来的话，你瞧，会发生什么：

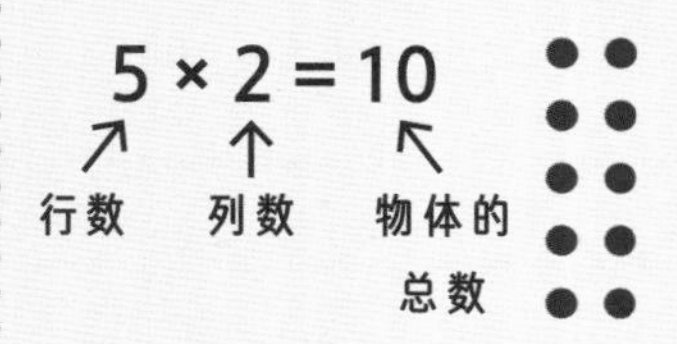

2 × 5 = 10

行数　列数　物体的总数

看见了吗？我们通过旋转，将阵列的行数和列数互换了位置，所以算式的乘数位置也改变了。但是我们并不能通过旋转改变圆点的总数，所以得到的总数还是相同的！（阅读第六章，可以了解更多的相关知识。）

哇，也就是说，如果我们知道 4×7 = 28，那么就能知道 7×4 = 28 啦！这能让我们少背许多乘法口诀呢！

对呀！我也这么认为！

有时，我们会看见一些将乘积写在前面的乘法算式，比如 20 = 5×4，或者 20 = 4×5。这些算式等同于 5×4 = 20 或者 4×5 = 20，只是写法不同而已。总之，当我们看见“=”时，就代表等号两边的数量是完全相等的！

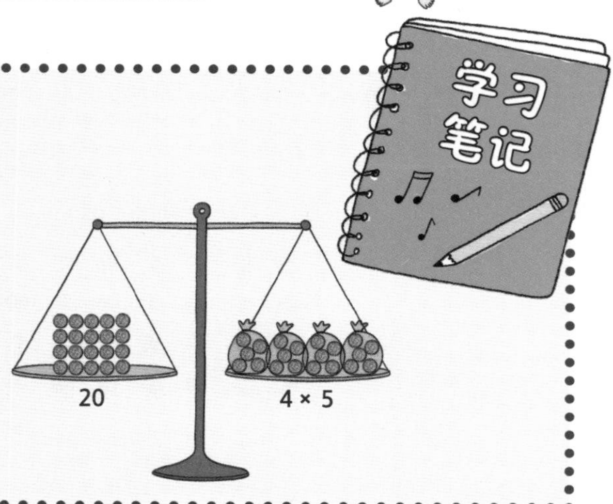

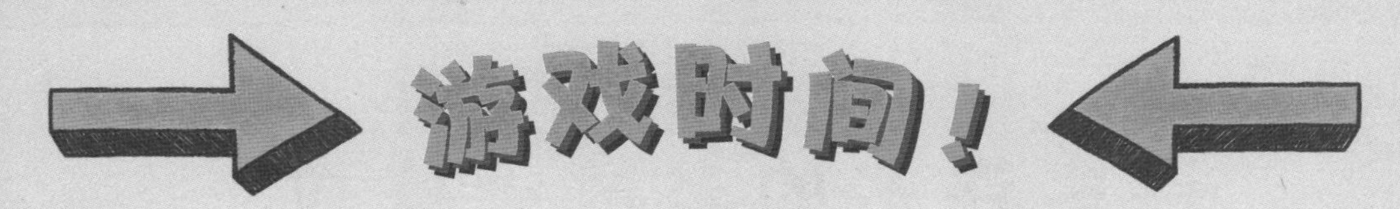

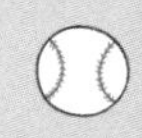

指出每个乘法算式中的乘数和乘积，再变换乘数的位置写出新的算式。我做第 1 题示范给你看！

1. $72 = 8 \times 9$

一起来玩吧：我可不会被顺序问题搞昏了头！不管写在前面的是哪一个，乘数指的都是相乘的数字，也就是上面等式中的 8 和 9，对吧？乘积指的是算式的计算结果，也就是 72！乘法算式 $72 = 8 \times 9$ 等同于 $72 = 9 \times 8$，同样也等同于 $8 \times 9 = 72$ 和 $9 \times 8 = 72$。不过，题目只让变换原算式中乘数的位置（8 和 9），那么就选取合适的公式作为答案。完成！

答案：8 和 9 是算式中的乘数；72 是算式的乘积。$72 = 9 \times 8$

2. $4 \times 6 = 24$　3. $5 \times 3 = 15$　4. $24 = 4 \times 6$　5. $6 \times 7 = 42$

6. $56 = 7 \times 8$　7. $0 \times 7 = 0$　8. $20 = 10 \times 2$　9. $8 \times 6 = 48$

10. $7 \times 9 = 63$　11. $21 = 3 \times 7$　12. $30 = 5 \times 6$　13. $1 \times 3 = 3$

（答案见 218 页）

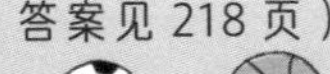

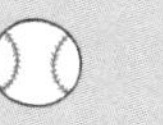

许多许多的老鼠：倍数

成倍制造意味着一次生产不止一个玩具，而 3 的倍数也意味着得到的结果包含不止一个 3。也就是说，如果我们有 2 个 3，我们就得到一个 6；如果我们有 3 个 3，我们就得到一个 9。用数学语言表达就是：$3\times2=6$，$3\times3=9$。我们已经在做简单的乘法计算啦！

数的倍数指的是这个数与自然数（1，2，3，4，5 等等）相乘后得到的结果。所以，3 的倍数可以是 3，6，9，12 和 15。因为：

$$\mathbf{3}\times1=3,\ \mathbf{3}\times2=6,\ \mathbf{3}\times3=9,\ \mathbf{3}\times4=12,$$

$$\mathbf{3}\times5=15$$

在下面的方框内找到以下数字的前几个倍数，并选择正确的选项。我做第 1 题示范给你看！

1. 7

一起来玩吧：7 的倍数有哪些呢？我们目前还没有学习乘法口诀表，那我们如何得知 7 的倍数有哪些呢？我们知道 $7\times2=14$，因为 14 中包含了两个 7。也就是说，$7+7$ 的结果为 14。我们再加上一个 7，得到 $14+7=21$。这个的结果应当与 7×3 的结果相同。然后再加一次 7，得到 $21+7=28$。看，方框里的 C 选项包含了这些数字！

答案：C

2. 10　　3. 3　　4. 4　　5. 12

倍数

A. 20，30，40　B. 8，12，16　C. 14，21，28

D. 6，9，12　E. 24，36，48

（答案见 218 页）

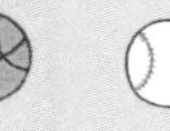

数字翻倍！

另一种理解乘法的方式就是进行数字翻倍。比如，18 = 6×3 这个等式可以理解成“18 是 3 的 6 倍。”看看下面几个例子吧！

10 是 5 的 2 倍，所以：
10 = 2×5

8 是 4 的 2 倍，所以：
8 = 2×4

20 是 4 的 5 倍，所以：
20 = 5×4

12 是 4 的 3 倍，所以：12 = 3×4

100 是 10 的 10 倍，所以：100 = 10×10

35 是 5 的 7 倍，所以：35 = 7×5

哇，玩具工厂之旅真开心。我觉得自己学到了很多关于乘法阵列、行、列、乘数、乘积和倍数的知识呢！
太棒了！
但有个小问题——倍数看上去挺难的。虽然游戏挺好玩的，但是我们如何才能更轻松地知道一个数的倍数是多少呢？

这真是一个好问题！跳跃计数法就是一个寻找倍数的有趣方法。我们在下一章就会学到它了。另外，跳跃计数法也是学习乘法口诀的好帮手。我们将在 69 页开始学习乘法口诀表。
太好啦！

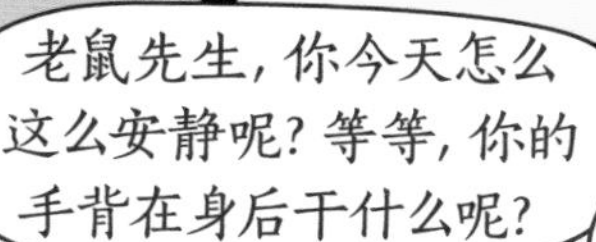

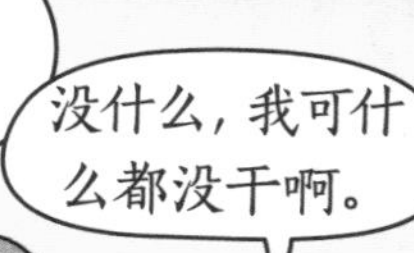

老鼠先生，你今天怎么这么安静呢？等等，你的手背在身后干什么呢？
没什么，我可什么都没干啊。

第二章

海盗和闪闪发亮的硬币：跳跃计数和乘法口诀表

隐藏的珍宝：跳跃计数！

你喜欢海盗或者被藏起来的宝藏吗？在这一章中，我们将学习一种有趣的方法，来算出宝藏的数量，以及更好地了解乘法的含义！

在你很小的时候，或许就已经接触过跳跃计数了。不过我们还是要先复习一番。我会告诉你，跳跃计数法是如何帮助我们加深对乘法的理解的！

首先，让我们以 2 为基数来跳跃计数吧！也就是说，我们跳出来的下一个数要比上一个数大 2。

以 2 为基数跳跃计数：2，4，6，8，10……

现在，让我们以 3 为基数来跳跃计数吧！注意，我们跳出来的下一个数要比上一个数大 3。

以 3 为基数跳跃计数：3，6，9，12，15……

我们还能做得更多！

以 5 为基数跳跃计数：5，10，15，20，25……

以 10 为基数跳跃计数：10，20，30，40，50……

跳跃计数简称跳数，用于计算任何比 1 大的数的乘法。

当我们以一个数字为基数来跳数时，我们其实就是在前一个数上加上基数！比如，当我们以 4 为基数来跳数时，接下来的每一个数就要在前一个数上加上一个 4：4，8，12，16……

让我们在一条标有数字的线上来跳数。当我们数数时，我们每次都会跳过一些数字！看，我们在线上以 3 为基数跳数 4 次，经过了 3，6，9，12。所以我们得到了 $3 \times 4 = 12$。注意一下，我们每次跳跃时，都跳过了 4 个落脚点之间的 3 个小格子，所以最后，我们实际上一共跳过了 12 个小格子，而并不是那些落脚点。每一次跳跃，我们都加上了一个 3。没错，就像我们在 16 页上看见过的重复加法一样！

以 3 为基数跳数

4 次跳跃！

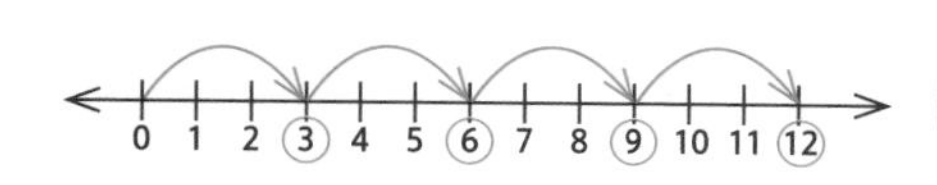

所以当我们跳数时，我们实际上数的是落脚点之间的空格吗？太有趣了！

跳跃计数和重复加法其实是同一件事情，只是有着不同的名字。它们都是寻找倍数的好帮手！

我可喜欢跳跃啦！
跳跃计数和在树林间跳跃可不一样。
哇，那和在高高的海浪中跳跃一样吗？就像加勒比海上的杰克船长！
杰克船长只是一个虚构的角色。他甚至不能完成一次真实的跳跃。
那我们去看看真正的海盗吧！
好呀！时空穿梭机，带我们去1718年的加勒比海吧！
运行中
警告，警告。我会晕船的。
看看这些金银财宝！
呼啦！
你该知道海盗可是什么都会偷的。当然，偷东西是不对的。
这倒是真的。海盗就是海上的盗贼。他们会偷盗他人的财宝，然后开船逃跑。世界上有许多有名的海盗，比如凶残的海盗黑胡子，或者是安妮·邦尼。你们瞧，那就是邦尼。
一位女海盗？
是的，但她并不比任何男海盗逊色。
她朝我们这边来了。她一定是发现我们了。我好害怕，要不我们还是赶紧离开吧？
我很好奇，他们是怎样数金币，看看自己到底抢到了多少宝藏的呢？
天啊，我怕是要吐了！等等，好像是一次假警报。
未完待续

用跳跃计数来数金币以及找寻倍数

跳跃计数是数金币的好方法，也是学习乘法口诀表的好帮手！

假如我们是海盗，拥有 7 枚硬币，每一枚值 5 分钱。如果我们想要知道这些硬币一共值多少钱，那该怎么办呢？因为一枚硬币值 5 分钱，所以我们就以 5 为基数来跳数这 7 枚硬币！

让我们一起来数一数这些宝藏吧！一起用手指着下方的硬币来跳数，跟我一起大声地数出来：“5，10，15，20，25，30，35。”这 7 个数是 5 的前 7 个倍数。通过跳跃计数，我们还知道 $7\times5=35$，也就是说我们一共有 35 分钱！

我们也可以将刚才的跳数看作在数轴上做重复加法：

以 5 为基数跳数　7 次跳跃！

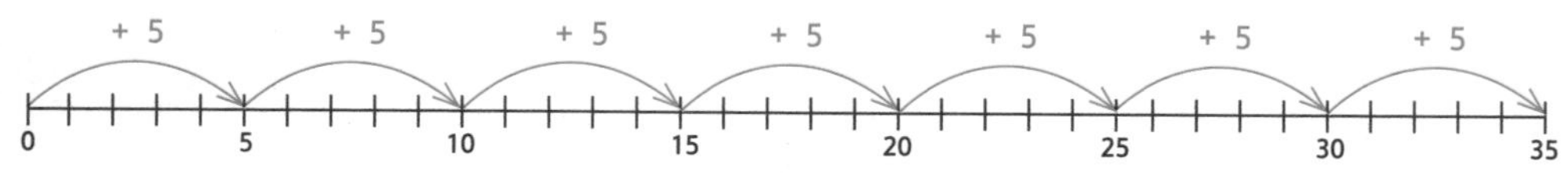

$5\times7=35$

才 35 分钱啊……

是的，作为海盗的我们拥有 35 分钱！

* 古罗马硬币的面值并不是真正的“分”，这么写只是为了简便，要不然老鼠先生可要无休无止地询问下去了。

乘法口诀表

这张乘法口诀表中的行和列都是我们跳数的好帮手。比如，在 2 的这一列中，我们看见了 2 的倍数：2，4，6……也就是说，每当我们向下数一个数时，都加上了一个 2！表格中的每一列都依照这样的规律。如果想要以 6 为基数来跳数，或是想要重复加 6，又或是想要寻找 6 的倍数的话，我们可以查看数字 6 这一列：6，12，18……是的，这一列中，我们每向下数一个数时都加上了一个 6。做得好！

乘法口诀表

×	1	2	3	4	5	6	7	8	9	10	11	12
1	**1**	2	3	4	5	6	7	8	9	10	11	12
2	2	**4**	6	8	10	12	14	16	18	20	22	24
3	3	6	**9**	12	15	18	21	24	27	30	33	36
4	4	8	12	**16**	20	24	28	32	36	40	44	48
5	5	10	15	20	**25**	30	35	40	45	50	55	60
6	6	12	18	24	30	**36**	42	48	54	60	66	72
7	7	14	21	28	35	42	**49**	56	63	70	77	84
8	8	16	24	32	40	48	56	**64**	72	80	88	96
9	9	18	27	36	45	54	63	72	**81**	90	99	108
10	10	20	30	40	50	60	70	80	90	**100**	110	120
11	11	22	33	44	55	66	77	88	99	110	**121**	132
12	12	24	36	48	60	72	84	96	108	120	132	**144**

我们可以用这张表格快速找到乘数小于或等于 12 的所有乘法算式的乘积。当然，我们的终极目标是将这张表牢牢记在大脑里。不过，我们还是先来学习如何使用它吧。看到分布在表格顶端和左侧白色格子里的数字了吗？这些数字表示乘法算式中的两个乘数。比如，如果需要找到 8×3 = ？的答案，我们需要先将手指放在左侧白色格子里的数字 8 上，再将另一只手指放在顶端白色格子里的数字 3 上。然后，我们将两只手指沿着直线移动（保持在第 8 行和第 3 列上移动），直到两只手指相遇在答案上：24！另外，我们也要知道，如果我们指着顶端白色格子里的数字 8 和左侧白色格子里的数字 3，也能得到相同的答案：24。不过这个 24 在表格的另一个位置上。让我们来试一试吧！

这个神奇的表真是太漂亮啦！
哇，松鼠小姐，拿张纸巾擦擦眼泪吧。但是，古罗马时期还没有这张表。

乘法口诀表上的平方数

在上一页的乘法口诀表中，位于斜角线上的数字都被加粗了。这些数字是两个相同乘数相乘所得的乘积，比如 $3\times3=9$ 或者 $5\times5=25$。这样的数字就叫作“平方数”，或者“完全平方数”。

好棒！但是它们为什么叫平方数呢？
因为表达这些乘法算式的阵列是一个正方形。当两个乘数相同时，阵列的行数和列数也是相同的，得到的阵列就是个正方形——就像是埃及金字塔底部的形状。金字塔可是罗马帝国的标志！
正方形
未完待续

前几个数的平方数

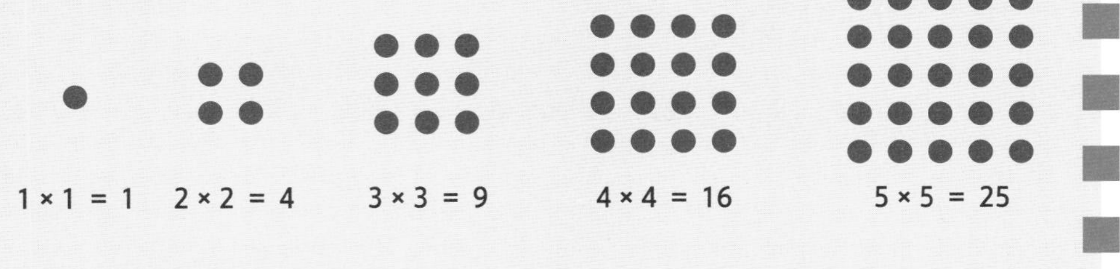

$1\times1=1$　$2\times2=4$　$3\times3=9$　$4\times4=16$　$5\times5=25$

另一种书写乘法算式的方法！

我们在书写乘法算式时，既可以将两个乘数挨着写（横式），也可以将它们叠放起来（竖式）。比如像这样：

横式	竖式
$6 \times 3 = 18$	$\begin{array}{r} 6 \\ \times\ 3 \\ \hline 18 \end{array}$
$4 \times 7 = 28$	$\begin{array}{r} 4 \\ \times\ 7 \\ \hline 28 \end{array}$
$10 \times 10 = 100$	$\begin{array}{r} 10 \\ \times\ 10 \\ \hline 100 \end{array}$

这两种写法的含义都是相同的！

让我们利用乘法口诀表做练习吧！

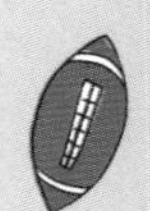

使用乘法口诀表完成下列乘法算式。我做第 1 题示范给你看！

1. $\begin{array}{r} 7 \\ \times 1 \\ \hline ? \end{array}$

一起来玩吧：这个答案一看就知道，但我们还是来试着用乘法口诀表算一算吧。我们先将一只手指放在左侧白格子里的数字 7 上，再将另一只手指放在顶端白格子里的数字 1 上。注意！滑动两只手指时，放在数字 7 上的手指可不能滑动得太快了，要不就跑远啦！如果一只手指不小心跑太远，也不用担心，让手指沿着直线退回来就行了。最重要的是，两只手指都必须沿着各自所在的行或列移动。最终，两只手指在 7 上相遇！

答案：7 × 1 = 7

2. $\begin{array}{r} 5 \\ \times 4 \\ \hline ? \end{array}$

3. $\begin{array}{r} 3 \\ \times 7 \\ \hline ? \end{array}$

4. $\begin{array}{r} 6 \\ \times 3 \\ \hline ? \end{array}$

5. $\begin{array}{r} 5 \\ \times 9 \\ \hline ? \end{array}$

×	1	2	3	4	5	6	7	8	9	10	11	12
1	**1**	2	3	4	5	6	7	8	9	10	11	12
2	2	**4**	6	8	10	12	14	16	18	20	22	24
3	3	6	**9**	12	15	18	21	24	27	30	33	36
4	4	8	12	**16**	20	24	28	32	36	40	44	48
5	5	10	15	20	**25**	30	35	40	45	50	55	60
6	6	12	18	24	30	**36**	42	48	54	60	66	72
7	7	14	21	28	35	42	**49**	56	63	70	77	84
8	8	16	24	32	40	48	56	**64**	72	80	88	96
9	9	18	27	36	45	54	63	72	**81**	90	99	108
10	10	20	30	40	50	60	70	80	90	**100**	110	120
11	11	22	33	44	55	66	77	88	99	110	**121**	132
12	12	24	36	48	60	72	84	96	108	120	132	**144**

6. $\begin{array}{r} 4 \\ \times 8 \\ \hline ? \end{array}$

7. $\begin{array}{r} 3 \\ \times 5 \\ \hline ? \end{array}$

8. $\begin{array}{r} 9 \\ \times 9 \\ \hline ? \end{array}$

9. $\begin{array}{r} 10 \\ \times 2 \\ \hline ? \end{array}$

10. $\begin{array}{r} 6 \\ \times 6 \\ \hline ? \end{array}$

11. $\begin{array}{r} 9 \\ \times 3 \\ \hline ? \end{array}$

12. $\begin{array}{r} 6 \\ \times 7 \\ \hline ? \end{array}$

13. $\begin{array}{r} 8 \\ \times 6 \\ \hline ? \end{array}$

往下翻！→

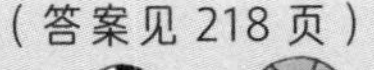
（答案见 218 页）

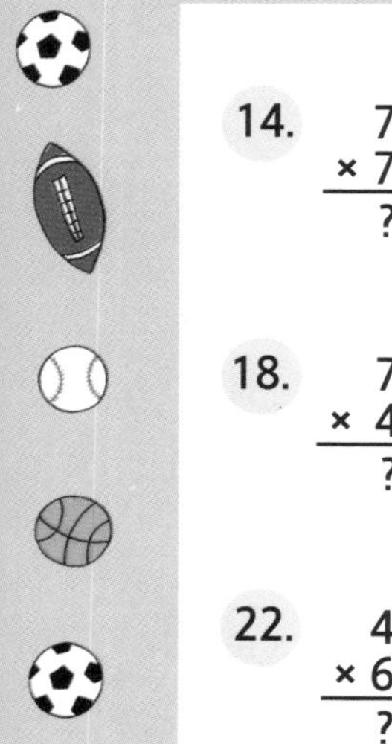

14. $7 \times 7 = ?$

15. $5 \times 1 = ?$

16. $8 \times 7 = ?$

17. $12 \times 4 = ?$

18. $7 \times 4 = ?$

19. $8 \times 4 = ?$

20. $8 \times 8 = ?$

21. $10 \times 9 = ?$

22. $4 \times 6 = ?$

23. $7 \times 5 = ?$

24. $11 \times 6 = ?$

25. $7 \times 8 = ?$

26. $9 \times 7 = ?$

27. $12 \times 12 = ?$

28. $11 \times 8 = ?$

29. $11 \times 12 = ?$

×	1	2	3	4	5	6	7	8	9	10	11	12
1	**1**	2	3	4	5	6	7	8	9	10	11	12
2	2	**4**	6	8	10	12	14	16	18	20	22	24
3	3	6	**9**	12	15	18	21	24	27	30	33	36
4	4	8	12	**16**	20	24	28	32	36	40	44	48
5	5	10	15	20	**25**	30	35	40	45	50	55	60
6	6	12	18	24	30	**36**	42	48	54	60	66	72
7	7	14	21	28	35	42	**49**	56	63	70	77	84
8	8	16	24	32	40	48	56	**64**	72	80	88	96
9	9	18	27	36	45	54	63	72	**81**	90	99	108
10	10	20	30	40	50	60	70	80	90	**100**	110	120
11	11	22	33	44	55	66	77	88	99	110	**121**	132
12	12	24	36	48	60	72	84	96	108	120	132	**144**

（答案见 218 页）

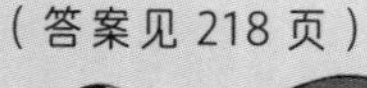

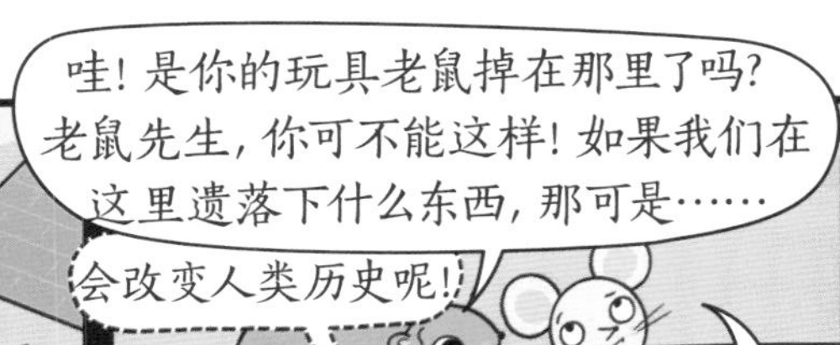

哇！是你的玩具老鼠掉在那里了吗？老鼠先生，你可不能这样！如果我们在这里遗落下什么东西，那可是……
会改变人类历史呢！
你说得有些夸张了吧？

你不会是想要藏一个玩具老鼠在这里吧？
这样我就能举世闻名了。
在罗马帝国？

撒大帝也想要举世闻名。但是这里没有电视，也没有网络或手机来传播他的肖像，所以——
他建立了工厂来制造恺撒人偶玩具？
真是个好办法！

当然不是。他将自己的肖像放在各种各样的硬币上。实际上，许多统治者也是这样做的，比如埃及女王克娄巴特拉。这样一来，他们的肖像就会遍布各地，他们的声望也会成倍增长。

都把我给说饿了。话说回来，罗马帝国吃些什么食物呢？
他们好像不会吃太多肉类，主要的食物是面包、橄榄、蔬菜、果干和蜂蜜。对不对呀？
是的。但我听说他们还是要吃肉的，但是大部分是……嗯……老鼠肉。
我们赶紧离开这里吧！是时候离开了！赞同！
运行中

虽然在电影中，埃及女王克娄巴特拉可谓花容月貌，但实际上，克娄巴特拉并不算貌美，可是她却十分聪慧，具有人格魅力。和克娄巴特拉相处过的人都觉得她身上有种神奇的魔力。一些人认为，正是这样的魔力才让她拥有了女王的权利！

第三章

贝果和榔头：分配律

有时候，解决困难的大问题的最好方法就是将它分解成简单的小问题。

你说的都对。但你知道我现在最想要的是什么吗？一个贝果，再来点浓郁的奶酪就更好啦！

嗯嗯，还要加点蜂蜜！

你们有在听我说什么吗？

我想知道贝果是什么时候发明的。时空穿梭机，我们走吧！

运行中

好吧。现在是1683年的奥地利。波兰国王曾将奥地利从土耳其入侵者手中救了出来，人们为了表达对他的敬意发明了贝果。国王喜欢骑马，所以人们就把面团做成马镫的形状。德语中“马镫”的发音类似于“贝果”，于是就叫贝果啦！

马镫

哎，好难涂上蜂蜜啊！

你要先将贝果像这样一切为二，再将蜂蜜涂抹在切面上。涂在平整的切面上就容易多了。然后，再将两半合在一起就可以吃啦。

切开！

谢谢你！

我对食物颇有一番研究。

哈哈，你们知道吗？切分贝果也能帮助我们理解分配律哟！

切分贝果：分配律

分配律是一种数学规则，通过分解乘数的方式来帮助我们重新排列乘法算式，将一个复杂的算式变成两个更加简单的算式！比如，我们可以将 3×7 中的 7 拆分为 2 和 5：

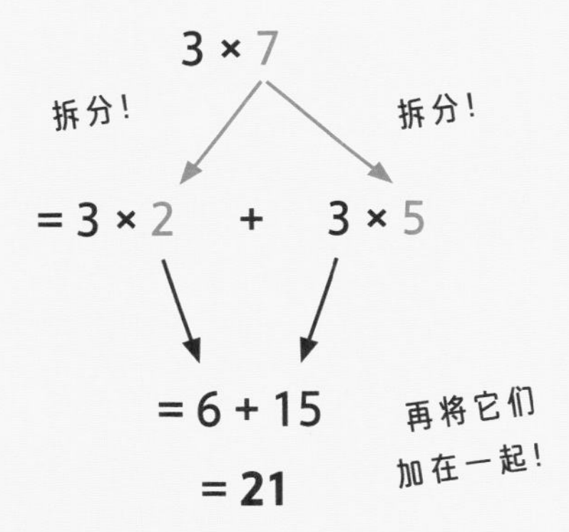

这样，我们就能得到答案：$3\times 7=21$。

在乘法分配律和乘法口诀表的共同帮助下，我们可以解决更加复杂的乘法算式！

"分解"？是"腐烂"的意思吗？相信我，在贝果腐烂变质之前我就能把它们全都吃掉。

拆分 = 分解

"拆分"乘数就是将乘数拆开变为几个更小的数字。有些教材也将这个过程称为乘数"分解"。两种说法不同，但含义都是相同的！

等等，为什么我们可以拆分 7 呢？为什么拆分 7 之后还能得到正确的答案呢？

真是个好问题！瞧一瞧下面的阵列。如果我们将 3×7 的阵列切分成两个小一点的阵列 3×2 和 3×5，其中的圆点数量并不会改变。这样明白了吗？

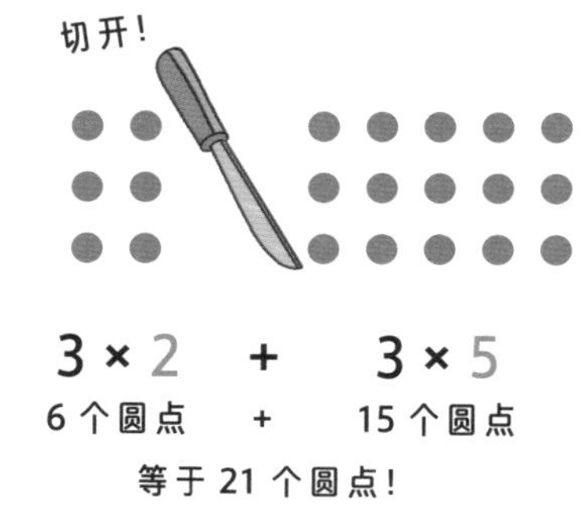

$3 \times 7 = 3 \times 2 + 3 \times 5$

这里一定有 21 个圆点，因为：6 个圆点 + 15 个圆点 等于 21 个圆点！

看见了吗？在这个过程中，我们并没有改变圆点的数量，只是将圆点分成了两个部分！因为 $3 \times 2 = 6$ 以及 $3 \times 5 = 15$，我们再将这两部分相加（$6 + 15 = 21$），就能知道 3×7 的答案是 21 了。

学习笔记

圆括号和豌豆

圆括号是个好用的小工具，用来分开文字或数字。因此，我们也可以将上面的乘法算式写为 $3 \times 7 = (3 \times 2) + (3 \times 5)$。加入圆括号或许会让问题看上去变得有些复杂，但是别被它们吓住了！圆括号会告诉我们应该先解决哪些数学问题（关于这一点，第六章中会讲到更多）。很多时候我们并不希望事物混淆在一起，就像你不想让盘子里的豌豆和土豆泥混在一起一样，而圆括号恰好就能将事物分开。

分配律：用榔头从数字中敲出 10！

与 10 相乘的算式特别简单，我们只用在数字后面加一个 0 就行啦！比如，5× 10 ＝ 50，9× 10 ＝ 90。（在末尾添加一个 0 能让数的位值向前移动一位，152 页上对此有更多说明。）所以有时候，当我们将一个数字拆分成"小而简单"的其他数字时，我们可以选择 10 作为这个"小而简单"的数字的备选。虽然 10 这个数并不小，但却十分容易计算！比如，让我们来试一试 4× 12 ＝？，先将 12 拆分成 2 和 10：

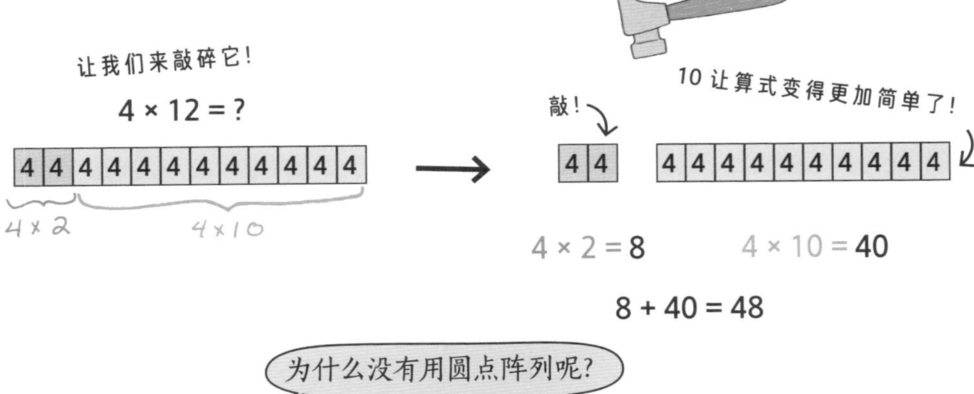

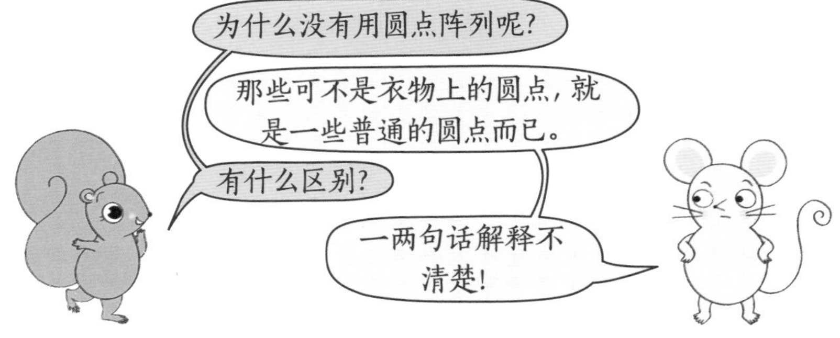

为什么没有用圆点阵列呢？
那些可不是衣物上的圆点，就是一些普通的圆点而已。
有什么区别？
一两句话解释不清楚！

你注意到了吗？4× 12 与 4× 2 ＋ 4× 10 其实是两个相同的算式。也就是说 4× 12 ＝ 4× 2 ＋ 4× 10。我们也可以使用圆括号来将数字变为 4× 12 ＝（4× 2）＋（4× 10）。记住，没人想让自己盘子里的豌豆和土豆泥混在一起！

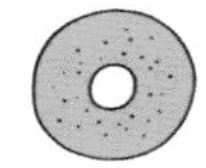

分配律：让乘法计算更加简便！

一步一个脚印：

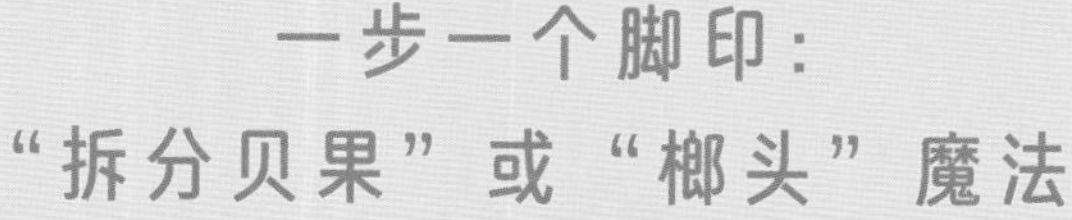

“拆分贝果”或“榔头”魔法

第一步：将大的乘数拆分（分解）成两个更小的、更容易计算的乘数。然后将两个（新的、更简单的）乘法算式写下来，并使用括号区分。

第二步：计算两个（新的、更简单的）乘法算式。

第三步：将两个乘法算式的乘积相加，得到最终答案。完成啦！

如果说我们想要计算 3× 12，却又记不得乘法口诀表。分配律告诉我们还可以这样得出答案：

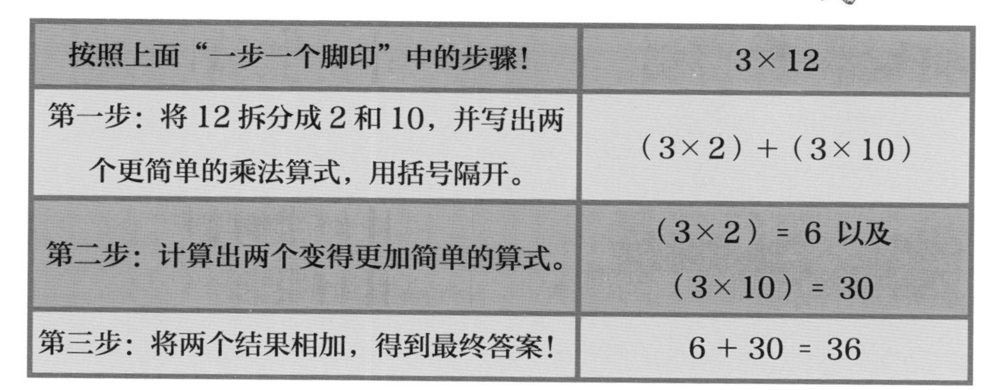

按照上面“一步一个脚印”中的步骤！	3× 12
第一步：将 12 拆分成 2 和 10，并写出两个更简单的乘法算式，用括号隔开。	（3× 2）+（3× 10）
第二步：计算出两个变得更加简单的算式。	（3× 2）= 6 以及 （3× 10）= 30
第三步：将两个结果相加，得到最终答案！	6 + 30 = 36

看起来并不难，是吧？让我们来进行更多的练习吧！做题过程中，你可以想象自己正在切开贝果，也可以想象自己正在用榔头敲开数字——随你喜欢！

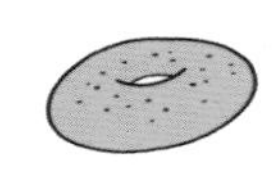

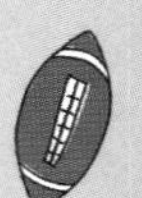

这些乘法算式都被拆分成了两个更加简单的算式。先填写出缺失的数字，再利用乘法口诀表来算出两个简单算式的乘积（如果忘记如何使用，可以回看 34 页进行复习），最后将两个乘积相加得到答案。我做第 1 题示范给你看！

1. 9 × 13 =（9 × 10）+（9 × __?__）

一起来玩吧：**如果我们用小榔头敲开数字 13，首先会得到一个 10，而另一个就是 3，因为 10 + 3 = 13！真棒！所以我们就能得到（9 × 10）+（9 × 3）。下面的乘法表告诉我们，9 × 10 = 90，9 × 3 = 27。所以，我们将它们俩加起来：90 + 27 = 117。完成！**

答案：9 × 13 =（9 × 10）+（9 × 3）= 117

2. 7 × 13 =（7 × 3）+（7 × __?__）

3. 5 × 15 =（5 × __?__）+（5 × 10）

4. 6 × 14 =（6 × 10）+（6 × __?__）

5. 4 × 16 =（4 × 10）+（4 × __?__）

6. 4 × 17 =（4 × 7）+（4 × __?__）

7. 8 × 12 =（8 × 2）+（8 × __?__）

×	1	2	3	4	5	6	7	8	9	10	11	12
1	**1**	2	3	4	5	6	7	8	9	10	11	12
2	2	**4**	6	8	10	12	14	16	18	20	22	24
3	3	6	**9**	12	15	18	21	24	27	30	33	36
4	4	8	12	**16**	20	24	28	32	36	40	44	48
5	5	10	15	20	**25**	30	35	40	45	50	55	60
6	6	12	18	24	30	**36**	42	48	54	60	66	72
7	7	14	21	28	35	42	**49**	56	63	70	77	84
8	8	16	24	32	40	48	56	**64**	72	80	88	96
9	9	18	27	36	45	54	63	72	**81**	90	99	108
10	10	20	30	40	50	60	70	80	90	**100**	110	120
11	11	22	33	44	55	66	77	88	99	110	**121**	132
12	12	24	36	48	60	72	84	96	108	120	132	**144**

（答案见 218 页）

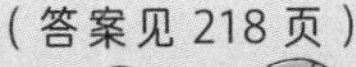

第四章

猴子们的香蕉和恐龙的骨头：除法入门

时空旅行了这么久，可把我饿坏了。你家有零食吗？
香蕉怎么样？
不错！

哇，香蕉可是富含钾元素的水果。我妈妈总是在健身跑步前20分钟的时候吃一根香蕉。你也要去跑步了吗？
要跑你自己跑。

对了，忘了告诉你，你得和可爱的猴子们一起分享香蕉。
怎么现在才说？

别担心！猴子们很擅长分享食物，它们总能把食物平均分配。这也是这一章中我们将重点学习的知识。

要怎么样和猴子们分享香蕉呢
平均分配食物的方法就是除法！除法就是用来事物平均分成好几组的工具。我们开始吧！

除法：公平分配香蕉！

如果我们有 8 根香蕉和 4 只猴子，那么每只猴子拿到多少根香蕉才算公平呢？
我觉得它们每只能得到两根香蕉，但是——
非常好！这是因为 8 除以 4 等于 2。
我的香蕉在哪里呢？
时空穿梭机，现在出发去 1960 年的非洲坦桑尼亚吧！
运行中
珍妮·古道尔是一位杰出的科学家，她为了更好地研究黑猩猩而选择与它们一同居住在丛林中！
黑猩猩就是猴子吧？
它们属于同一类。
呼啦！
我不喜欢这里。这些猴子居然在扔自己的粪便。你知道黑猩猩会扔粪便吗？
我喜欢黑猩猩，也喜欢猴子！
好吧，你有不喜欢的东西吗？
阴阳怪气的老鼠先生。
开个玩笑。
珍妮·古道尔知道如何分配香蕉。也就是说，她会做除法。现在，你们也需要学习除法了！

除法指的是将一个数平均分为几组或几部分。比如，12 除以 3 等于 4。这是因为，如果我们把 12 分为 3 等份，那么每一份中都是 4。

12 除以 3 等于 4 → $12 \div 3 = 4$

平均分配

正如我们所看见的，除法可以理解为将事物“公平地分享”：

老鼠先生，如果我们有 12 根香蕉和 4 只猴子，平均分配香蕉后，每只猴子能拿到多少根香蕉呢？
嗯，因为 12÷4 = 3，所以每只猴子能得到 3 根香蕉。可是，我也想拿一些呀。

同时，除法也可以被理解为“配给”：

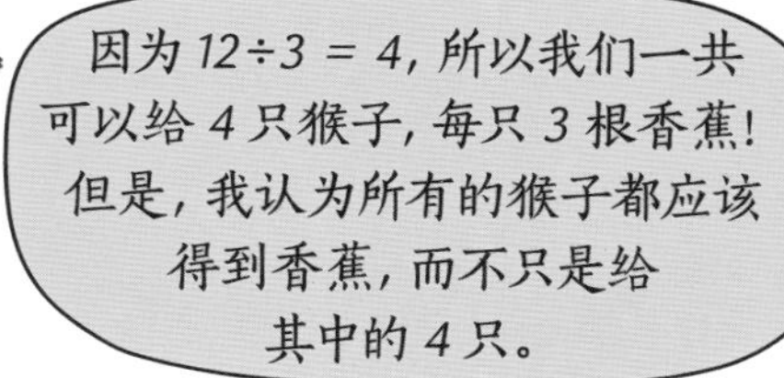

松鼠小姐，如果我们有 12 根香蕉，每只猴子要得到 3 根，那么一共能给几只猴子呢？
因为 12÷3 = 4，所以我们一共可以给 4 只猴子，每只 3 根香蕉！但是，我认为所有的猴子都应该得到香蕉，而不只是给其中的 4 只。

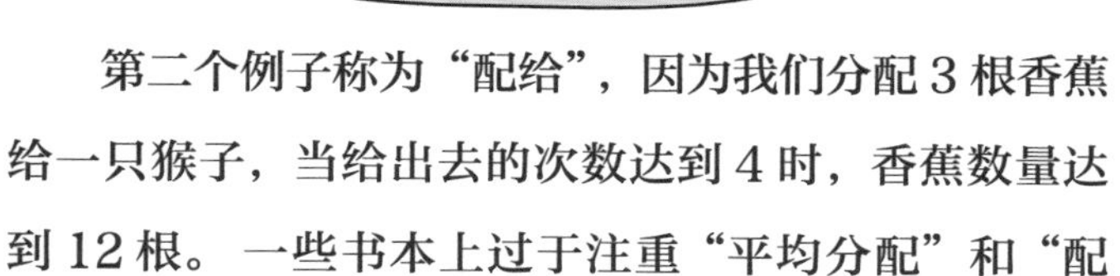

第二个例子称为“配给”，因为我们分配 3 根香蕉给一只猴子，当给出去的次数达到 4 时，香蕉数量达到 12 根。一些书本上过于注重“平均分配”和“配

给”的区别，但事实上这两者在本质上是相同的，指的都是将事物平均分配。因此，它们的本质都是除法！另一种能让我们直观感受到除法的方式就是阵列。

阵列回来啦

还记得 15 页上的行军蚁阵列吗？当时一共有 20 只行军蚁，分为 4 组，每组 5 只。所以乘法算式写成 $4 \times 5 = 20$。但是同样的阵列也可以变成除法算式，写成 $20 \div 4 = 5$。这是因为，为了将 20 只蚂蚁等分为 4 组，我们用圆圈将每一组勾画出来，画出来的每一组里都包含 5 只蚂蚁。因此，$20 \div 4 = 5$！

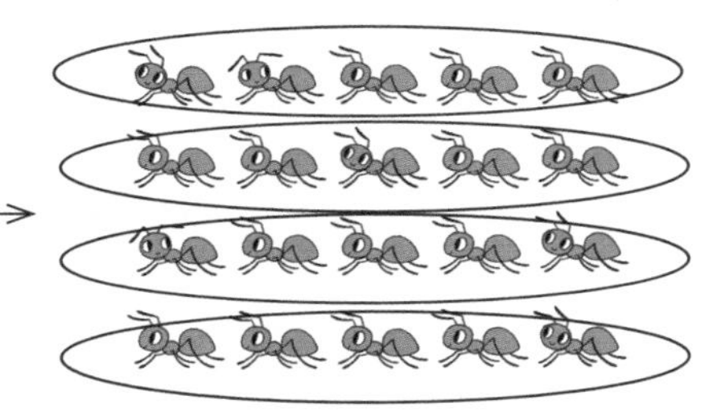

20 只行军蚁！

$20 \div 4 = 5$

总数　组数　每组的行军蚁数

这张图和 15 页上的图一模一样。没错，阵列既可以表示乘法，也可以表示除法。

注意，除法算式中，总数——也就是乘法的“答案”——永远写在第一个。总数是算式中最大的数，也是我们将要等分的数！

看一看这些阵列，写出它们所代表的除法算式！

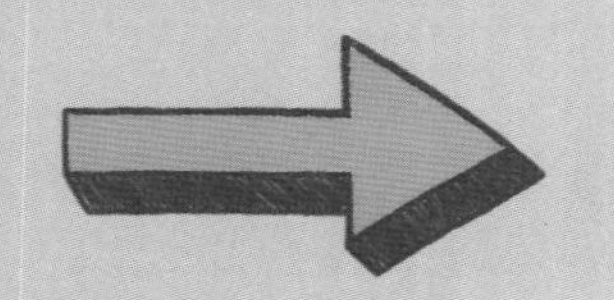

游戏时间！

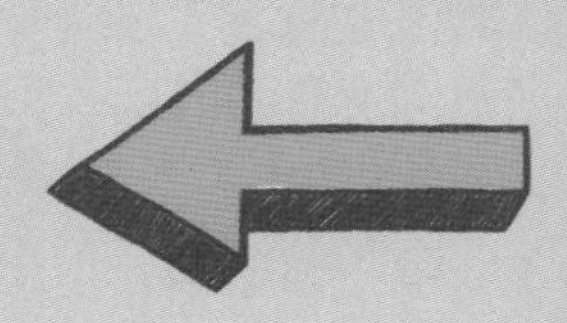

按照阵列图将除法算式补充完整。我做第 1 题示范给你看！

1.

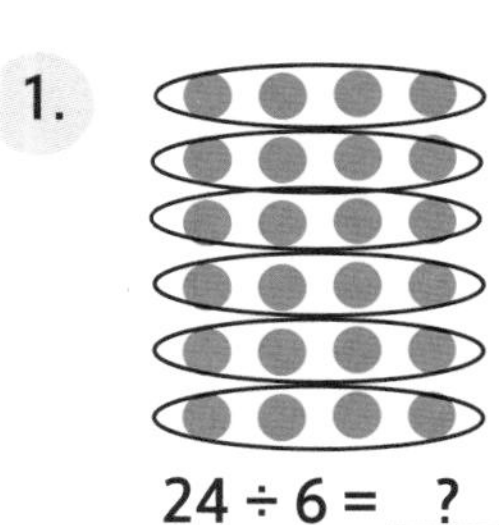

24 ÷ 6 = __?__

一起来玩吧：**这里一共有 24 个圆点，而我们需要将它们等分为 6 组。每组中有几个圆点呢？看看图片，我们发现每个组中有 4 个圆点！**

答案：24 ÷ 6 = 4

2. __?__ ÷ 4 = 3

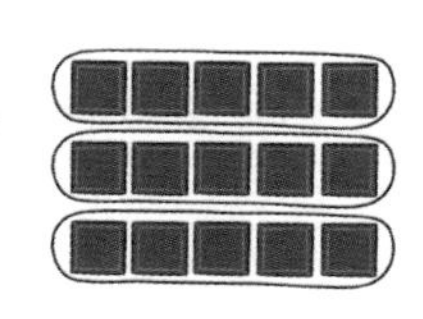

3. 15 ÷ __?__ = 5

4. __?__ ÷ 3 = __?__

5. 10 ÷ 5 = __?__

6. 16 ÷ __?__ = 4

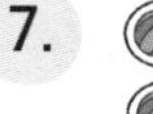
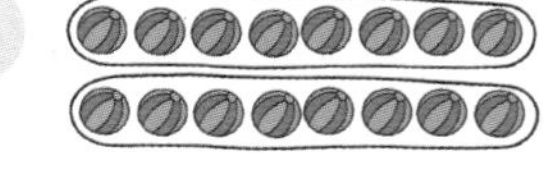

7. 16 ÷ __?__ = __?__

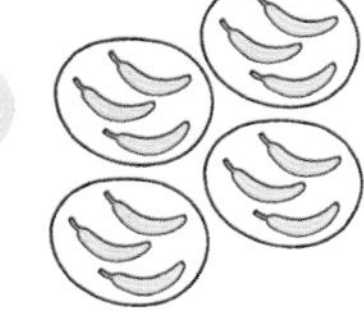

8. __?__ ÷ 4 = __?__

9. __?__ ÷ __?__ = 7

10. __?__ ÷ __?__ = __?__

（答案见 218 页）

除法就是不断重复的减法！

还记得 16 页中我们说过的，乘法就是不断重复的加法，比如 6×4 就等同于 $6+6+6+6$。让我们看看在数轴上是如何体现的吧。

$6\times4=\underline{\ ?\ }$　　$6+6+6+6=24$　　所以，$6\times4=24$

我们加上一个6，
重复加4次

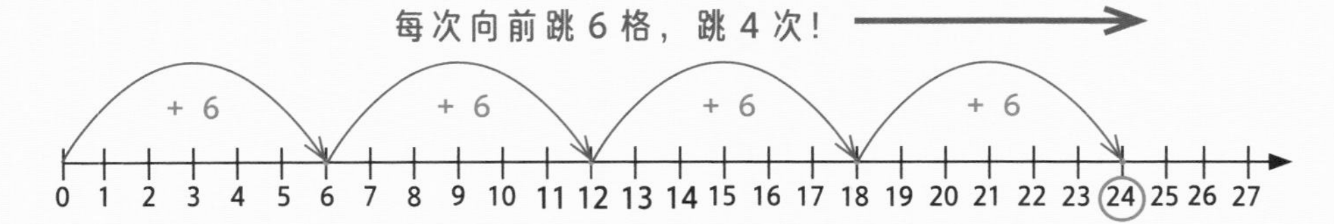

同样的方式，我们可以将除法理解为重复的减法。比如，如果要计算 $24\div6$，我们可以用 24 重复减 6。那么，我们要重复多少次才能让 24 变为 0 呢？这个次数就是我们需要的答案！

$24\div6=\underline{\ ?\ }$　　$24-6-6-6-6=0$　　所以，$24\div6=4$

我们减去一个 6，
重复减 4 次

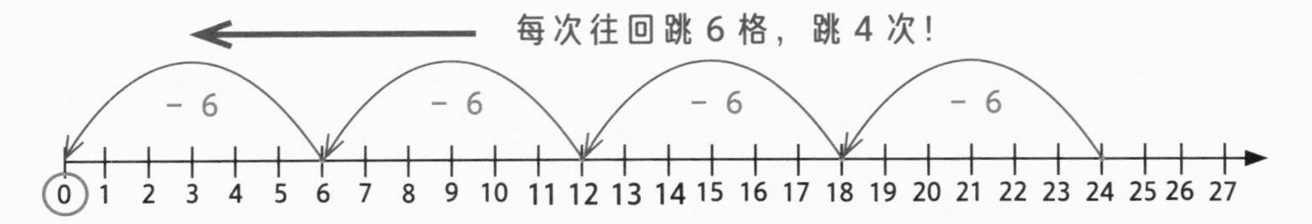

就像我们向前跳了 4 次跳到 24 的位置一样，我们向后跳 4 次才能回到 0 的位置。所以在数轴上，除法就是将乘法做过的事情给撤回，看懂了吗？不过说到“撤回”……

松开鞋带！乘法和除法是一组对立的操作

在《千万别打开这本数学书 加减法》中，我们学习了有关加法和减法的内容。现在，你又长大一些了，我想要告诉你一些关于加减法更酷的事情：它们互为彼此的逆运算！比如，我们从 9 开始，先加上 1 得到 10；然后我们减去 1，又回到了 9。

当我们减去 1 时，我们撤回了先前加 1 的动作，是吧？所以我们说，减法可以“撤回”加法。同样，加法也能“撤回”减法。这是因为，减法和加法互为彼此的逆运算。

逆运算指的是两个能彼此“撤回”的运算。比如，加法和减法就是一组逆运算。如果我们从 9 开始，先减去 4 得到 5，这时，我们能通过“撤回”——加上 4——来回到初始的 9。

乘法和除法也是一组逆运算。比如，如果我们开始计算 6 除以 3，得到 2，但是我们能通过“撤回”——乘 3——回到原先的 6。

你看，我正在逆开车！
那叫倒车。

这位拥有毛茸茸尾巴的朋友说话真有趣。那为什么我们不能说这些是“倒运算”呢？

逆运算是指数学中的一些特定情况——一个操作抵消了我们之前做过的某一个操作。比如，解开你的鞋带，取下你的帽子，或者删除你打过的文字。而“倒”在这里更像是逆转的意思。你瞧：

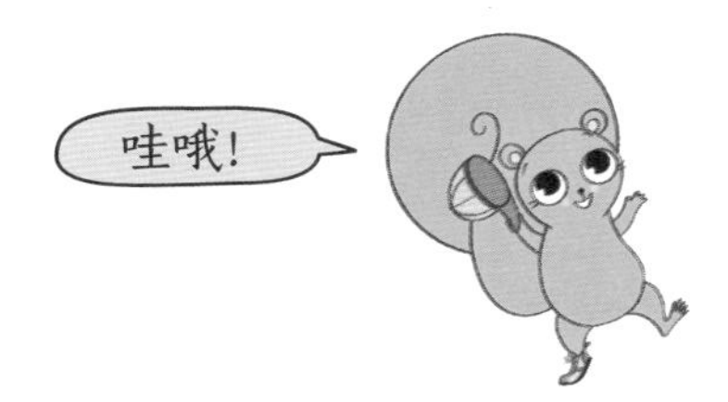

我们还可以用其他多种方式书写除法算式。在 60 页上我们将学习如何用“除号小屋”书写竖式，就像这样：

$$\begin{array}{r}4\\3\overline{)12}\end{array}$$

另外，我们还可以将除法写成分数的形式：$\frac{12}{3} = 4$

基本形式……以及恐龙们！

因为乘法和除法互为对方的逆运算，这里列出了它们的基本形式——就像加法和减法一样！（可以参考《千万别打开数学书 加减法》31 页）

乘除法的基本形式是一组使用了相同的 3 个数字的乘法和除法算式集合！这里是一些乘除法基本形式的例子：

$2 \times 8 = 16$	$3 \times 4 = 12$	$7 \times 10 = 70$
$8 \times 2 = 16$	$4 \times 3 = 12$	$10 \times 7 = 70$
$16 \div 2 = 8$	$12 \div 3 = 4$	$70 \div 7 = 10$
$16 \div 8 = 2$	$12 \div 4 = 3$	$70 \div 10 = 7$

如果乘法运算中的两个乘数相同（乘积为平方数），那么在这组基本形式中只包含 2 个算式，而不是如上图那样的 4 个算式。举几个例子：

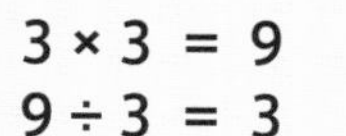

$3 \times 3 = 9$	$8 \times 8 = 64$
$9 \div 3 = 3$	$64 \div 8 = 8$

基本形式可以减少需要背诵的乘法口诀。比如，如果我们记住了 $2 \times 3 = 6$，那么我们自然而然就知道这个基本形式中的其他乘法算式——调换两个乘数的位置就得到了 $3 \times 2 = 6$。我们也能知道这个基本形式中的两个除法算式——只用将最大的数字摆在首位（因为这是需要被均分的数字），然后我们就能得出 $6 \div 3 = 2$ 以及 $6 \div 2 = 3$。看见了吗？这样一来，我们需要背诵的算式就少了许多！

可以减少背诵量？这很适合我。
等等？为什么我们根据一个算式就能自然而然知道这么多算式呢？
事实上，科学家们也能根据一条基本规律解决很多问题！我给你举个例子吧。嗯……我们不是有台时空穿梭机吗，要不我们去看看恐龙吧？
不，你想干什么？你怎么拿着——
时空穿梭机，我们出发吧！
运行中
那是霸王龙吗？现在是白垩纪吗？我们回到了6 800万年前了？！
哇，一只真正的、活着的霸王龙！它有大约12米长呢！
呼啦！
是的，它有50多颗牙齿，最长的牙齿能达到30厘米。真是个庞然大物啊！
为什么我们总是要去危险的地方？我觉得自己快被吃掉了。
这个可比在博物馆中看见的骨架棒多了！当然，我也很喜欢参观博物馆。
研究恐龙骨骼化石的科学家叫作古生物学家。你知道吗？古生物学家能从一根骨头上得知许多关于恐龙的事情。
哇！古生物学家光靠一根骨头就能了解这只恐龙的其他部分吗？
有时候可以！但并不是任何时候。幸运的是，我们凭借一个算式就成功找出乘除法基本形式中的其他算式。比如，给你一根“骨头”如15 ÷ 3 = 5，那么你就能知道这只“恐龙”的其他部分——15 ÷ 5 = 3，3 × 5 = 15以及5×3 = 15。明白了吗？

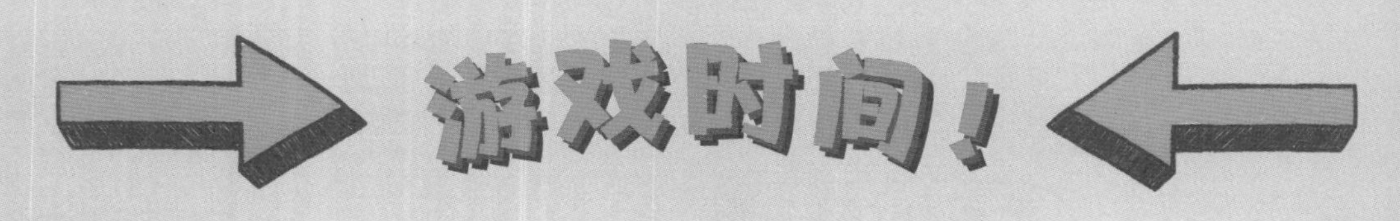

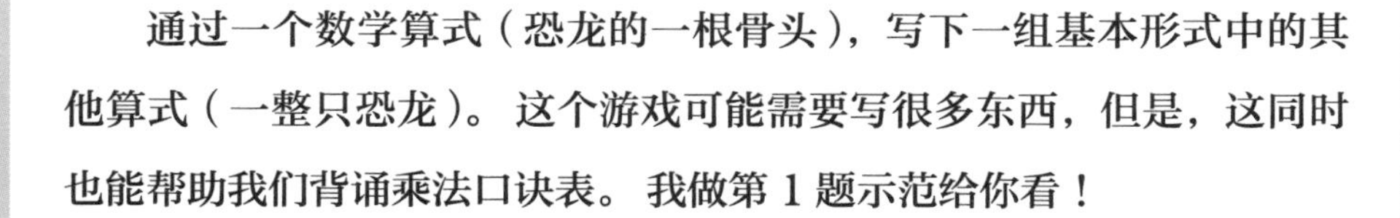

游戏时间！

通过一个数学算式（恐龙的一根骨头），写下一组基本形式中的其他算式（一整只恐龙）。这个游戏可能需要写很多东西，但是，这同时也能帮助我们背诵乘法口诀表。我做第 1 题示范给你看！

1. $8 \times 9 = 72$

一起来玩吧：**哇，这根骨头可真大呢！一般来说，一组基本形式中包含 2 个乘法算式和 2 个除法算式，对吧？那么我们只用将题目中算式的乘数改变位置，就能得到这一组中的另一个乘法算式 $9 \times 8 = 72$。那么，我们又如何写出除法算式呢？没错，首先我们知道 72 应该写在第一位。因为 72 是最大的总数，也是我们需要平分的数。所以，我们先把 72 平均分为 8 份吧：$72 \div 8 = 9$。然后，我们再将 72 平均分为 9 份：$72 \div 9 = 8$。这样我们就能凑齐这个基本形式中的 4 个算式啦！耶！**

答案：$8 \times 9 = 72$　$72 \div 8 = 9$　$9 \times 8 = 72$　$72 \div 9 = 8$

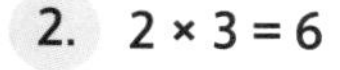

2. $2 \times 3 = 6$　3. $10 \times 9 = 90$　4. $7 \times 8 = 56$　5. $6 \times 5 = 30$

6. $9 \times 2 = 18$　7. $6 \times 7 = 42$　8. $4 \times 1 = 4$　9. $8 \times 6 = 48$

10. $5 \times 11 = 55$　11. $8 \times 4 = 32$　12. $6 \times 6 = 36$　13. $63 \div 7 = 9$

提示：这是一个平方数！

14. $28 \div 7 = 4$　15. $84 \div 7 = 12$　16. $54 \div 9 = 6$　17. $18 \div 6 = 3$

18. $132 \div 11 = 12$　19. $27 \div 3 = 9$　20. $100 \div 10 = 10$　21. $12 \times 12 = 144$

（答案见 218 页）

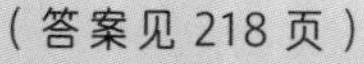

学习笔记

一组乘除法基本形式中有多少个算式呢?

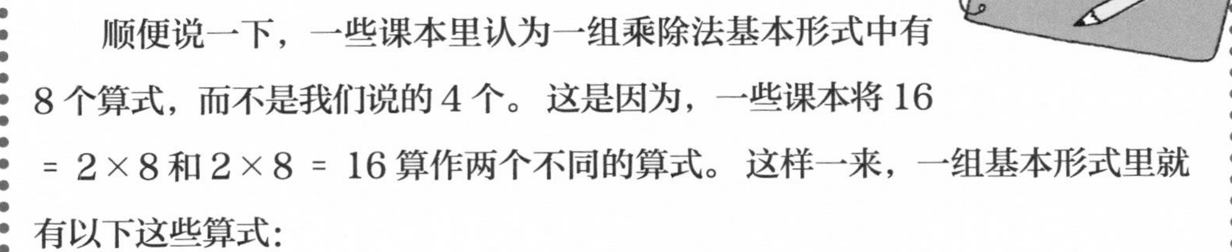

顺便说一下，一些课本里认为一组乘除法基本形式中有 8 个算式，而不是我们说的 4 个。这是因为，一些课本将 $16=2\times8$ 和 $2\times8=16$ 算作两个不同的算式。这样一来，一组基本形式里就有以下这些算式:

$2\times8=16$　　$16=2\times8$

$8\times2=16$　　$16=8\times2$

$16\div2=8$　　$8=16\div2$

$16\div8=2$　　$2=16\div8$

对于平方数的基本形式而言，我认为只有 2 个算式，比如 $3\times3=9$ 以及 $9\div3=3$。但是一些课本则认为这里有 4 个算式，就像这样:

$3\times3=9$　　$9=3\times3$

$9\div3=3$　　$3=9\div3$

这样看来，我们需要写的东西就更多了。当然，你还是按照老师教的写。

重新思考：将除法当作乘法来看待！

不得不说，乘法运算比除法运算更加简单。好消息是，重新思考一下，我们其实可以将除法当作乘法来看待，就像倒立的时候，能看见不一样的房间！

比如，我们知道 $4\times3=12$。如果这时有人突然考我们 $12\div4=?$，我们就可以“倒立”来看问题，把它当作需要填空的乘法：4 乘多少等于 12 呢？也就是说，我们可以写出这样的算式：$4\times?=12$。这是一道乘法的填空题，对吧？而乘法算式中缺失的数字“？”就是除法算式的答案。

当我们看到 $4\times?=12$ 时，自然就能想到：“哦，这就是 $4\times3=12$！”所以答案就出来啦：$12\div4=3$。好耶！

倒立着看熟悉的房间，会觉得有些不同，是吧？

让我们来做练习吧！

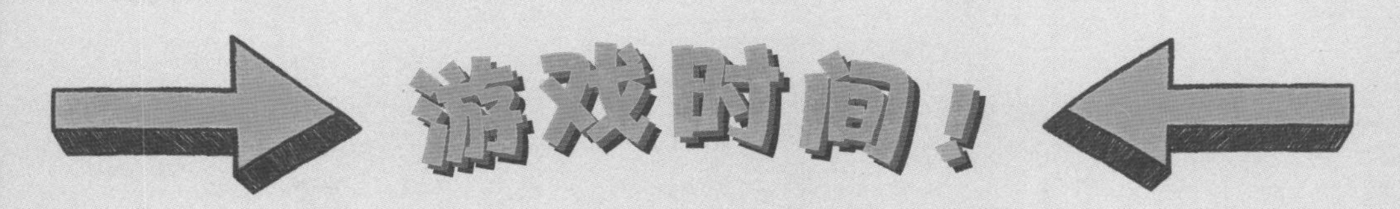

先把下面的除法算式改写为需要填空的乘法算式，再借助给出的乘法算式计算出答案。记住，最大的数是被除数，是需要被平分的数，也就是乘法算式中的乘积。我做第 1 题示范给你看！

需要用到的乘法等式：

$4\times6=24$　　$7\times7=49$　　$5\times4=20$　　$6\times2=12$

$7\times8=56$　　$9\times7=63$　　$11\times10=110$

1. 63 ÷ 9 = ?

一起来玩吧：**首先我们需要“倒立”，要将这个除法问题改写成带问号的乘法问题。除法算式中的最大数 63 一定就是乘法算式中的乘积，是吧？所以我们可以思考“9 乘多少等于 63 呢”或者写成 9 × ? = 63。借助上面已经给出的乘法算式，我们就能知道“?”就是数字 7 了。真棒！**

答案：9 × ? = 63 和 63 ÷ 9 = 7

2. 49 ÷ 7 = ?
   提示7 × ? = 49
3. 12 ÷ 2 = ?
   提示2 × ? = 12
4. 12 ÷ 6 = ?
   （没有提示啦！）
5. 20 ÷ 5 = ?
6. 20 ÷ 4 = ?
7. 24 ÷ 4 = ?
8. 24 ÷ 6 = ?
9. 63 ÷ 7 = ?
10. 110 ÷ 10 = ?
11. 110 ÷ 11 = ?
12. 56 ÷ 8 = ?
13. 56 ÷ 7 = ?

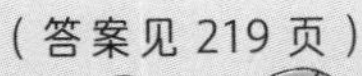
（答案见 219 页）

史前洞穴：
用另一种方式写除法算式

我在 53 页上提到过，还可以用另一种方式写除法算式。我把这种方法称为可爱的“除号小屋”。举个例子，我们现在要用“除号小屋”来写“15÷3”：

3)15 ↖除号小屋

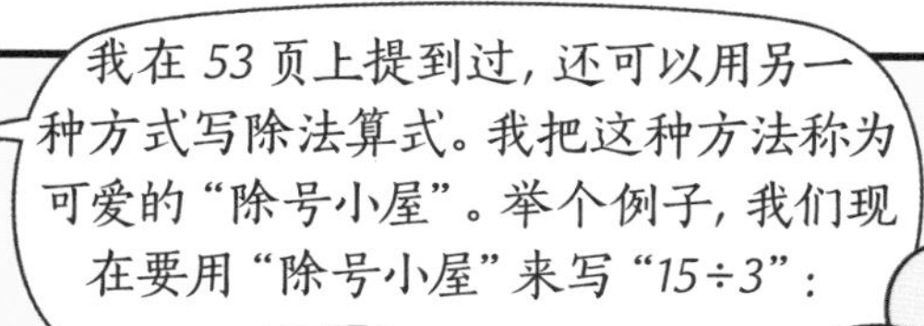

我觉得这个符号并不像一个屋子，倒像是一个史前洞穴。

哇，这个“15”就像是在洞穴里乘凉一样。等等，人类是不是曾经居住在洞穴里呢？时空穿梭机，带我们去看看吧！

哇，我们这是到了哪里呀？

我们回到了 60 000 年前的石器时代。这里是西班牙的马特维索洞穴。原始人——尼安德特人在这里绘制了目前已知的最早的洞穴画作。

那么，我们为什么来这里啊？

当然是来参观这些长得像“除号小屋”的洞穴吧

我们可以想象有许多人在“除号小屋”里。比如，在这个图中，屋子里有 15 个人！而旁边的数字 3 则表示，我们需要将屋子里的人平均分为 3 组。那么，每组里应当有几个人呢？我们需要将答案写在小屋的屋顶上。

?

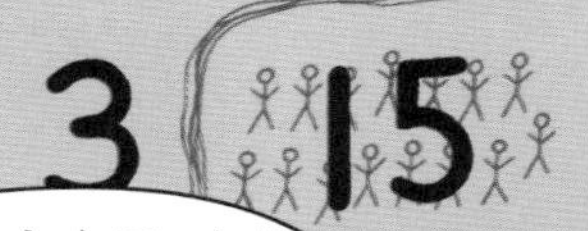

哇！我要倒立着思考这个问题。“3 乘哪个数可以得到 15 呢”或者“3× ? = 15”。

你知道其实不必真的倒立着做除法吧？

我觉得它有用，它就有用。我算出答案啦！每组应该有 5 个人！因为 3×5 = 15。那我应该把答案写在哪里呢？

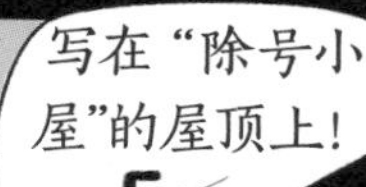

除法算式的组成部分

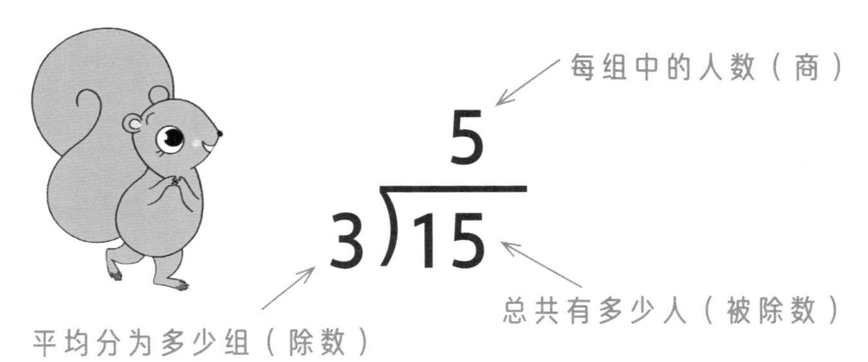

下面几种方法都能表示除法算式：

24 ÷ 3 ＝ 8　　“24 除以 3 等于 8。”

$3\overline{)24}$ 商 8　　“3 的 8 倍是 24。”

“将 24 平均分为 3 组，每组是 8。”

有人想打网球吗？一桶有多少个球，一共有多少个球？

我们也可以这样看待“除号小屋”（也叫作长除法），“15 中能包含多少个 3？”或者“15 是 3 的多少倍？”这个算式就像是，3 在小屋外等着进门，想去看看里面能装下多少个自己。

$$3\overline{)15}^{\,5}$$

我们将“3”想象为一组 3 个的网球套组，“15”是一套每个能装下 3 个网球的网球桶。然后问自己，“需要多少组网球套组才能将一套网球桶填满呢？”

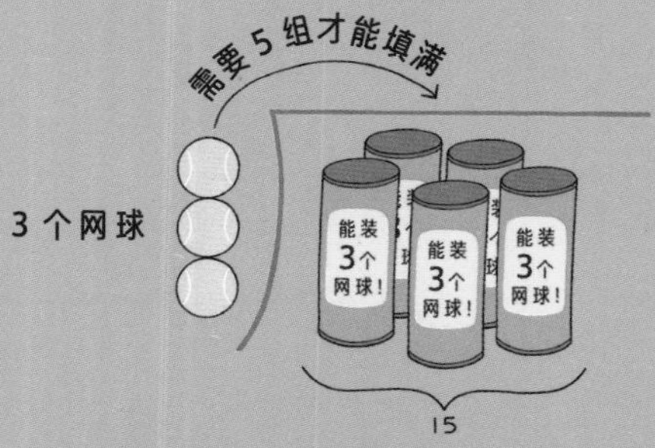

没错，答案是 5！这种方法很有趣，可以让你理解一个数除以另一个数的含义。当然，还有很多其他方法可以理解除法。你认为哪种最容易理解就用哪种！

使用乘法口诀表找寻除法算式的答案

还记得在 34 页上，我们是如何使用乘法口诀表寻找乘法算式的答案的吗？我们还可以利用这张乘法口诀表找寻除法算式的答案！

×	1	2	3	4	5	6	7	8	9	10	11	12
1	**1**	2	3	4	5	6	7	8	9	10	11	12
2	2	**4**	6	8	10	12	14	16	18	20	22	24
3	3	6	**9**	12	15	18	21	24	27	30	33	36
4	4	8	12	**16**	20	24	28	32	36	40	44	48
5	5	10	15	20	**25**	30	35	40	45	50	55	60
6	6	12	18	24	30	**36**	42	48	54	60	66	72
7	7	14	21	28	35	42	**49**	56	63	70	77	84
8	8	16	24	32	40	48	56	**64**	72	80	88	96
9	9	18	27	36	45	54	63	72	**81**	90	99	108
10	10	20	30	40	50	60	70	80	90	**100**	110	120
11	11	22	33	44	55	66	77	88	99	110	**121**	132
12	12	24	36	48	60	72	84	96	108	120	132	**144**

比如，如果我们想要解出 56 ÷ 8 ＝ ？，我们需要先在表格的左侧白格子里找到数字 8。找到了吗？很好，现在把手指放在数字 8 上面。然后，我们将手指沿着这一行向右移动，到 56 的方格上停止。我们再将手指沿着这一列向上移动到表格的顶端，最后停在白色格子里的数字 7 上面。这能告诉我们 8 × 7 ＝ 56，也就是说，56 ÷ 8 ＝ 7。真棒！顺便说一下，我们也可以从顶端白色格子里的数字 8 开始，向下移动到 56，然后再向左移动到数字 7。这两种方法都可以帮助我们解出答案！

让我们来借助乘法口诀表解决“除号小屋”问题吧！

戴上眼镜吧。
为什么呀？
它可以使我们将表格看得更清楚啊！

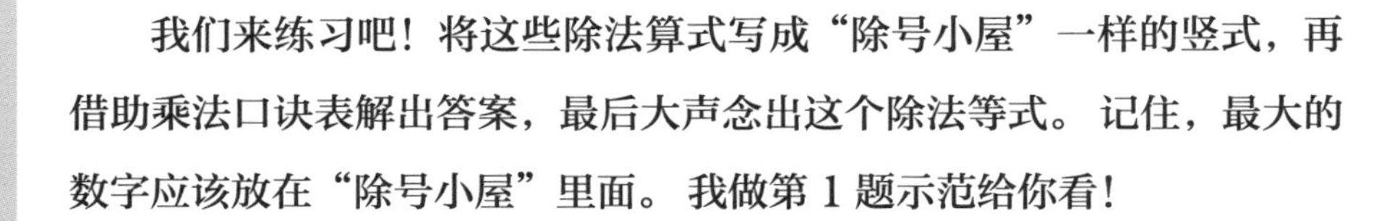

我们来练习吧！将这些除法算式写成“除号小屋”一样的竖式，再借助乘法口诀表解出答案，最后大声念出这个除法等式。记住，最大的数字应该放在“除号小屋”里面。我做第 1 题示范给你看！

1. $84 \div 12 = \underline{?}$

一起来玩吧：**好的，我们首先要将这个算式写成“除号小屋”的样子。我们应该把最大的数字放在屋子里面。因此，84 在屋子里面，12 在屋子外面，像这样：$12\overline{)84}$。然后，我们开始解题。我们需要在乘法表中找到数字 84，再向上和向左沿着列和行移动手指，就能找到 12 和 7 这两个数字。这说明 7 就是我们要找的答案！真棒！所以我们这么写：$\begin{array}{r}7\\12\overline{)84}\end{array}$。最后，我们看着这个“除号小屋”，大声地把答案念出来：“84 除以 12 等于 7。”完成！**

答案：$\begin{array}{r}7\\12\overline{)84}\end{array}$（并且大声念出来！）

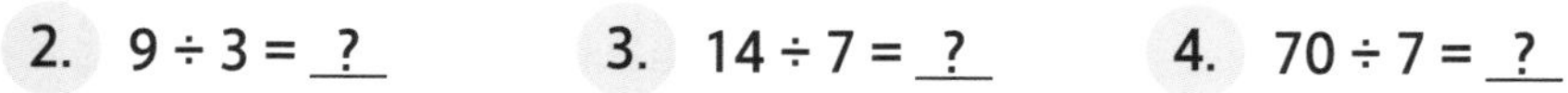

2. $9 \div 3 = \underline{?}$　3. $14 \div 7 = \underline{?}$　4. $70 \div 7 = \underline{?}$

5. $100 \div 10 = \underline{?}$　6. $64 \div 8 = \underline{?}$　7. $28 \div 4 = \underline{?}$

8. $32 \div 8 = \underline{?}$　9. $121 \div 11 = \underline{?}$　10. $63 \div 9 = \underline{?}$

11. $48 \div 6 = \underline{?}$　12. $45 \div 5 = \underline{?}$　13. $42 \div 7 = \underline{?}$

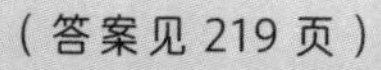
（答案见 219 页）

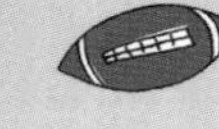

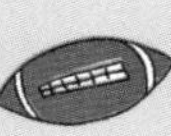

这些除法问题已经用“小屋”的形式写好了，我们只需要计算出结果，然后大声念出来就可以啦！

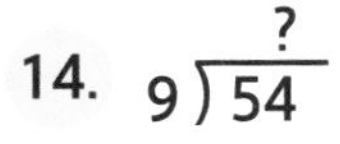

14. $\begin{array}{r} ? \\ 9\overline{)54} \end{array}$ 15. $\begin{array}{r} ? \\ 3\overline{)15} \end{array}$ 16. $\begin{array}{r} ? \\ 10\overline{)120} \end{array}$

17. $\begin{array}{r} ? \\ 9\overline{)81} \end{array}$ 18. $\begin{array}{r} ? \\ 6\overline{)36} \end{array}$ 19. $\begin{array}{r} ? \\ 2\overline{)18} \end{array}$

20. $\begin{array}{r} ? \\ 5\overline{)25} \end{array}$ 21. $\begin{array}{r} ? \\ 12\overline{)144} \end{array}$ 22. $\begin{array}{r} ? \\ 11\overline{)121} \end{array}$

23. $\begin{array}{r} ? \\ 7\overline{)56} \end{array}$ 24. $\begin{array}{r} ? \\ 7\overline{)63} \end{array}$ 25. $\begin{array}{r} ? \\ 12\overline{)132} \end{array}$

×	1	2	3	4	5	6	7	8	9	10	11	12
1	**1**	2	3	4	5	6	7	8	9	10	11	12
2	2	**4**	6	8	10	12	14	16	18	20	22	24
3	3	6	**9**	12	15	18	21	24	27	30	33	36
4	4	8	12	**16**	20	24	28	32	36	40	44	48
5	5	10	15	20	**25**	30	35	40	45	50	55	60
6	6	12	18	24	30	**36**	42	48	54	60	66	72
7	7	14	21	28	35	42	**49**	56	63	70	77	84
8	8	16	24	32	40	48	56	**64**	72	80	88	96
9	9	18	27	36	45	54	63	72	**81**	90	99	108
10	10	20	30	40	50	60	70	80	90	**100**	110	120
11	11	22	33	44	55	66	77	88	99	110	**121**	132
12	12	24	36	48	60	72	84	96	108	120	132	**144**

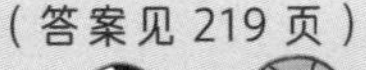
（答案见 219 页）

第五章

时空穿梭机的核心科技：一些帮助你记住乘法口诀表的小技巧和小故事

我们现在已经对乘法和除法有了基本的认识，是时候了解时空穿梭机的内核，学习真正的乘除法计算啦！这一章将帮助你彻底地记住乘法口诀表！这可能会花一些工夫，但别担心，我们有时空穿梭机。

我知道你做了什么。

背诵乘法口诀表的技巧清单

在接下来的内容中，我将告诉你几种背诵乘法口诀表的方法。但在这之前，我想先告诉你一些我最喜欢的小技巧！

乘数	小技巧	例子
2	数字的两倍！一个数字的两倍就是这个数字再加上自己——它们是一回事！	7 × 2 = 14 因为 7 + 7 = 14
3	数字的两倍，然后再加一次这个数字！	8 × 3 = 24 因为 8 + 8 = 16（8的两倍） 16 + 8 = 24（再加上8）

4	将数字翻倍， 然后再翻倍！	7 × 4 = 28 因为 7 + 7 = 14 以及 14 + 14 = 28
5	一个数乘5的乘积总是以0或5结尾， 很适合使用跳跃计数法 计算这种乘法算式的答案！ ——— 或者， 我们也可以先乘10， 然后再除以2！	4 × 5 = 20 我们可以以5为基数进行跳数，跳四次： 5，10，15，20 ——— 或者，我们可以先乘10，得到： 4 × 10 = 40 然后再除以2，得到： 40 ÷ 2 = 20
9	我们可以使用 9 的手指戏法（在 110 页会有介绍） ——— 或者 我们可以这么思考：“如果这里的 9 是一个 10 呢？”我们先乘 10，糟了，太多了！所以，我们再减去一个这个数。	弯曲第 7 根手指得到 9 × 7 = 63 ——— 或者 10 × 7 = 70，糟了，多了一个 7！所以， 我们再减去 7：70 − 7 = 63。
10	10 乘任何一个整数，得到的结果都是将这个数的位值向左挪动一位。所以，我们只用在整数的后面加一个 0！	8 × 10 = 80 我们在 8 后面加 一个 0，变成 80！
11	如果一个一位数乘 11，那么 我们只用在十位和个位重复这个 数就能得到答案。	11 × 8 = 88 十位　个位
12	因为 12 = 10 + 2，所以： 我们把需要与 12 相乘的数字乘 10，再把需要与 12 相乘的数字乘 2。最后，将两个乘积加起来！	12 × 7 = 84 我们可以这么做： 10 × 7 = 70 2 × 7 = 14 最后： 70 + 14 = 84

这些小技巧很有帮助。你可以选择用着顺手的小技巧，如果觉得不好用也没关系，我们还有其他办法！学习乘除法需要一些时间，所以不必着急。或许，光是学习乘数为 3 的算式以及相关的小故事，就要花费一周或两周的时间。你可以在“游戏时间”里测试自己是否学会了这些乘法算式，还可以在网站 TheTimesMachine.com 上找到更多学习资料（比如可以贴在卧室墙上的乘法口诀表）。在向 4 的乘法算式进军前，我们先要熟练掌握 3 的乘法算式。不要想着一次就能学完所有的乘除法知识，那样会让你感到崩溃——没人想要这样。我们的目标是开心地学习数学！

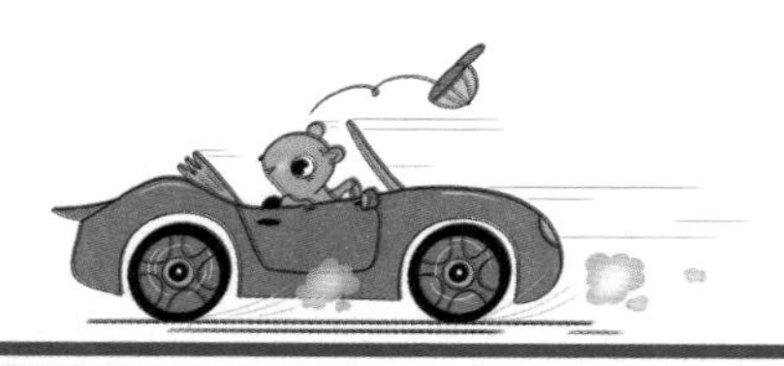

为什么我要学开车？学习乘法口诀表

我们已经在 41 页上知道了，如果遇到数字很大的乘法运算，可以将大数切分成简单的小数，然后再进行运算。那么，我们为什么还要记住从乘数 0 到乘数 12 的所有乘法口诀呢？这就像是在问：“我都知道如何走路了，为什么还要学习如何开车呢？”牢记乘法口诀表能在未来的几年里帮助你快速完成数学家庭作业（还有考试）。除了乘除法之外，乘法口诀表还能在其他数学问题中发挥作用。举个例子，在简化分数时，你就十分需要乘法口诀的帮助。如果能熟练掌握乘法口诀表，你在做数学题的时候就会像个超级巨星一样闪耀——随便给出一个题目，比如 $6\times 8=48$，你不用思考就能写出答案。太棒了！

关于0的乘除法

我们从最简单的乘法知识开始学习——乘数为 0 的乘法运算！任何数字在任何时候与 0 相乘都等于 0。就像是 0 将所有数字都吸进了自己的圆肚子里，让其他数字也变成了 0，所以 5×0 = 0，46×0 = 0。我还可以举出很多例子。

就连 1000×0 也等于 0？
是的，1000×0 = 0。
那 1 000 000×0 呢？
还是一样，等于一个大大的、圆滚滚的 0。
那 154 794 98S 748 324×0 呢？
这里面怎么会有个字母“S”？
哈哈，我就是想知道你是不是认真看了。

0 的乘法口诀表

0×1 = 0 1×0 = 0	0×2 = 0 2×0 = 0	0×3 = 0 3×0 = 0	0×4 = 0 4×0 = 0	0×5 = 0 5×0 = 0	0×6 = 0 6×0 = 0
0×7 = 0 7×0 = 0	0×8 = 0 8×0 = 0	0×9 = 0 9×0 = 0	0×10 = 0 10×0 = 0	0×11 = 0 11×0 = 0	0×12 = 0 12×0 = 0

毫不意外，0×0 也等于 0。

为什么在69页的表格中并没有任何关于0的基本形式呢?

这是个好问题!这是因为完整的基本形式包含除法,可是我们却不能用一个数去除以0。因为作为除数的0没有任何意义——不论是在数学中,还是在生活中。

为什么不能将 0 作为除数呢：消失的猴子！

还记得在 47 页我们曾经问过:“如果我们有 8 根香蕉和 4 只猴子，那么每只猴子拿到多少根香蕉才算公平呢?”我们将这个问题用数学算式描述：$8 \div 4 = 2$。也就是说，如果将 8 根香蕉平均分给 4 只猴子，那么每只猴子能拿到 2 根香蕉。但是，如果问题变成:“我们需要将 8 根香蕉平均分给 0 只猴子，那么每只猴子能拿到几根呢?”这个问题的算式将会变成：$8 \div 0 = ?$。现在问题来了，这个“?”是什么呢? 根本没有猴子来拿香蕉啊！我们无法将 8 根香蕉分给 0 只猴子，因为这毫无意义。现在你们明白了吗? 我们永远不能除以 0，是因为香蕉根本给不出去！

把 0 作为被除数

虽然我们不能将 0 当作为除数，但是我们却可以用 0 来除以其他数，而答案永远是 0。比如，我们可以这么问:“如果我们没有香蕉，但是却有 4 只猴子想要均分香蕉，每只猴子能拿到几根呢?”用数学算式来表达就是：$0 \div 4 = ?$。如果我们没有香蕉，那每只猴子肯定只能拿到 0 根香蕉，所以：$0 \div 4 = 0$。虽然猴子没拿到香蕉怪可怜的，但是至少这样是符合逻辑的。我讲明白了吗?

好啦，我要去拿点香蕉分给猴子们了。

0 的除法算式表

0 ÷ 1 = 0	0 ÷ 2 = 0	0 ÷ 3 = 0	0 ÷ 4 = 0	0 ÷ 5 = 0	0 ÷ 6 = 0
0 ÷ 7 = 0	0 ÷ 8 = 0	0 ÷ 9 = 0	0 ÷ 10 = 0	0 ÷ 11 = 0	0 ÷ 12 = 0

学习笔记

再说一次，0 可以当被除数，这样的算式是合理的：

 0 ÷ 7 = 0 $7\overline{)0}$ 商 0 

但是，0 不能当除数，因为这样的算式根本没有任何意义。

 7 ÷ 0 = ??? $0\overline{)7}$ 商 ??? 

传送门：去印度！

数千年来，我们的数学世界中并没有0的存在。约公元350年，玛雅人（居住在今墨西哥境内）在他们的历法中创造了数字0。公元628年，印度数学家婆罗摩笈多又创造了一个符号来表示数字0，并首次在方程中使用0。但是，当时的欧洲人却认为，“你似乎什么也没做，老兄！”还有一些人认为“0”这个数字十分荒唐。因此，直到17世纪，0这个数字才在欧洲被广泛接受。

关于1的乘除法

从某种程度上说，1的乘除法比0的更加简单。你看，1乘任何数都等于这个数本身。所以$1\times3=3$，$70\times1=70$，等等。

对于1×5而言，我们只有1行、5列，是吧？所以这个“阵列”就是由5个圆点组成的一排！或者是5×1，表示有5行、1列。这时，我们的“阵列”就是一条由5个圆点组成的竖列！明白了吗？

这些就是关于 1 的乘法算式。

1 的乘法口诀表

1 × 1 = 1 1 × 1 = 1	1 × 2 = 2 2 × 1 = 2	1 × 3 = 3 3 × 1 = 3	1 × 4 = 4 4 × 1 = 4	1 × 5 = 5 5 × 1 = 5	1 × 6 = 6 6 × 1 = 6
1 × 7 = 7 7 × 1 = 7	1 × 8 = 8 8 × 1 = 8	1 × 9 = 9 9 × 1 = 9	1 × 10 = 10 10 × 1 = 10	1 × 11 = 11 11 × 1 = 11	1 × 12 = 12 12 × 1 = 12

除数为 1 的运算也同样简单。如果我们用任何数除以 1，我们将得到这个数本身！所以，5÷1 = 5，87÷1 = 87，等等。我们可以这样理解：比如，我们有 8 根香蕉和 1 只猴子。没错，1 只猴子可以拿走所有的香蕉！所以 8÷1 = 8。

接下来，我们再来看看与这种除法运算相反的例子：如果我们用一个数本身来均分这个数，我们将得到 1（除了 0——具体见 70 页）。想一想，如果我们有 8 根香蕉，要平均分给 8 只猴子，那么每只猴子能得到 1 根香蕉，是吧？所以 8÷8 = 1。哈哈！

1 的除法算式表

1 ÷ 1 = 1 1 ÷ 1 = 1	2 ÷ 1 = 2 2 ÷ 2 = 1	3 ÷ 1 = 3 3 ÷ 3 = 1	4 ÷ 1 = 4 4 ÷ 4 = 1	5 ÷ 1 = 5 5 ÷ 5 = 1	6 ÷ 1 = 6 6 ÷ 6 = 1
7 ÷ 1 = 7 7 ÷ 7 = 1	8 ÷ 1 = 8 8 ÷ 8 = 1	9 ÷ 1 = 9 9 ÷ 9 = 1	10 ÷ 1 = 10 10 ÷ 10 = 1	11 ÷ 1 = 11 11 ÷ 11 = 1	12 ÷ 1 = 12 12 ÷ 12 = 1

关于2的乘除法

乘 2 就是翻倍的意思。

还记得学习加法时的双数吗？（见《千万不要打开这本数学书 加减法》43 页），这对乘法学习也有很大的帮助。不过，现在我们还需要加入另外两个加法算式：11 + 11 = 22，12 + 12 = 24。但这对你来说并不困难，对吧？

1 + 1 = 2	2 + 2 = 4	3 + 3 = 6	4 + 4 = 8	5 + 5 = 10	6 + 6 = 12
7 + 7 = 14	8 + 8 = 16	9 + 9 = 18	10 + 10 = 20	11 + 11 = 22	12 + 12 = 24

如果想要知道 2 个 3 是多少，我们可以用加法，也可以用乘法：

用两种数学语言来描述 2 个 3 是多少

$3 + 3 = 6$　　（2 个 3）

$2 \times 3 = 6$　　（3 的 2 倍）

相同的含义，不同的算式！现在，我们来看看下面的表格，是不是感到很亲切呢？要记住，当一个数乘 2 的时候，其实就是在让这个数翻倍！

2 × 1 = 2	2 × 2 = 4	2 × 3 = 6	2 × 4 = 8	2 × 5 = 10	2 × 6 = 12
2 × 7 = 14	2 × 8 = 16	2 × 9 = 18	2 × 10 = 20	2 × 11 = 22	2 × 12 = 24

下面是关于 2 的阵列，以及它们所代表的乘除法的全部基本形式。

● ●	● ● ● ●	● ● ● ● ● ●	● ● ● ● ● ● ● ●	● ● ● ● ● ● ● ● ● ●
2 × 1 = 2 1 × 2 = 2 2 ÷ 1 = 2 2 ÷ 2 = 1	2 × 2 = 4 4 ÷ 2 = 2 （这是一个平方数）	2 × 3 = 6 3 × 2 = 6 6 ÷ 3 = 2 6 ÷ 2 = 3	2 × 4 = 8 4 × 2 = 8 8 ÷ 4 = 2 8 ÷ 2 = 4	2 × 5 = 10 5 × 2 = 10 10 ÷ 5 = 2 10 ÷ 2 = 5

翻看下一页，获取更多知识！

●●●●●● ●●●●●●	●●●●●●● ●●●●●●●	●●●●●●●● ●●●●●●●●	●●●●●●●●● ●●●●●●●●●
2 × 6 = 12 6 × 2 = 12 12 ÷ 6 = 2 12 ÷ 2 = 6	2 × 7 = 14 7 × 2 = 14 14 ÷ 7 = 2 14 ÷ 2 = 7	2 × 8 = 16 8 × 2 = 16 16 ÷ 8 = 2 16 ÷ 2 = 8	2 × 9 = 18 9 × 2 = 18 18 ÷ 9 = 2 18 ÷ 2 = 9

●●●●●●●●●● ●●●●●●●●●●	●●●●●●●●●●● ●●●●●●●●●●●	●●●●●●●●●●●● ●●●●●●●●●●●●
2 × 10 = 20 10 × 2 = 20 20 ÷ 10 = 2 20 ÷ 2 = 10	2 × 11 = 22 11 × 2 = 22 22 ÷ 11 = 2 22 ÷ 2 = 11	2 × 12 = 24 12 × 2 = 24 24 ÷ 12 = 2 24 ÷ 2 = 12

这些表格看上去包含了非常多的知识，但事实上这些只是倍数而已——我们早就学过这些了！现在，让我们一起来练习关于 0，1 和 2 的乘除法运算吧。

现在到了练习关于 0，1 和 2 的乘除法运算时间啦！我做第 1 题示范给你看！

1. 9 × 2 = ?

一起来玩吧：**嗯，因为一个数乘 2 的含义就是让这个数翻倍，所以我们可以通过加法运算 9 + 9 = 18 来计算乘法 9 × 2 = 18。这两个算式的含义是相同的！**

答案：9 × 2 = 18

2. 2 × 2 = ?　3. 5 × 0 = ?　4. 1 × 6 = ?　5. 5 × 2 = ?

6. 11 × 2 = ?　7. 8 × 1 = ?　8. 10 × 2 = ?　9. 2 × 8 = ?

10. 2 × 3 = ?　11. 6 × 2 = ?　12. 0 × 1 = ?　13. 8 × 2 = ?

14. 2 × 4 = ?　15. 8 × 0 = ?　16. 2 × 9 = ?　17. 7 × 2 = ?

18. 1 × 1 = ?　19. 12 × 1 = ?　20. 2 × 12 = ?　21. 0 × 0 = ?

建议你们把这些运算多做几遍！也可以在网站 TheTimesMachine.com 上找到更多相关练习。当你已经能熟练计算这些乘法后，就可以向除法进军啦。

我做第 1 题示范给你看！

继续！→

（答案见 219 页）

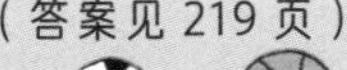

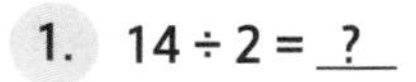

1. $14 \div 2 =$ ？

一起来玩吧：现在我们要“倒立”，从乘法的角度思考这些除法问题！我们可以将除法看作缺少一个数字的乘法运算。所以这个问题等同于 2× ？ = 14。嗯……这道题看上去很眼熟！这不是上一页的第 17 题吗？我们做过 7 × 2 = 14，所以这也意味着，2 × 7 = 14 也是正确的。所以 7 就是缺失的数字！14 ÷ 2 = 7。完成！

答案：14 ÷ 2 = 7

2. $2 \div 1 =$ ？　3. $0 \div 5 =$ ？　4. $6 \div 6 =$ ？　5. $10 \div 2 =$ ？

6. $22 \div 11 =$ ？　7. $8 \div 1 =$ ？　8. $20 \div 2 =$ ？　9. $16 \div 2 =$ ？

10. $6 \div 3 =$ ？　11. $12 \div 2 =$ ？　12. $0 \div 1 =$ ？　13. $16 \div 8 =$ ？

14. $8 \div 2 =$ ？　15. $12 \div 1 =$ ？　16. $18 \div 2 =$ ？　17. $14 \div 7 =$ ？

18. $1 \div 1 =$ ？　19. $12 \div 12 =$ ？　20. $24 \div 12 =$ ？　21. $18 \div 9 =$ ？

真棒！现在，我们至少需要一周或两周的时间来熟练掌握这些乘除法运算。等熟练掌握之后，才能继续学习关于 3 的乘除法运算。想知道学习它们的最好方法吗？我们需要连续一周，每天阅读并且练习 2 的乘除法运算。还可以让爸爸、妈妈在网站 TheTimesMachine.com 上下载乘法口诀表，并打印出来贴在洗手间的镜子上。这样，你就可以趁每天刷牙的时候顺便学习啦！当你认为自己已经熟练掌握这些运算后，我们就该向 3 进军啦！你做得到的！

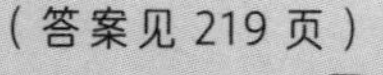
（答案见 219 页）

关于 3……以及大于 3！

现在，我们来到 3 的乘除法运算啦！我们要面对一些比较大的数字了，需要更多的时间来学习！在接下来的内容中，时光穿梭机会请一些新朋友来帮助我们！先来认识一下这些新朋友吧！它们将出现在许多的小故事里。

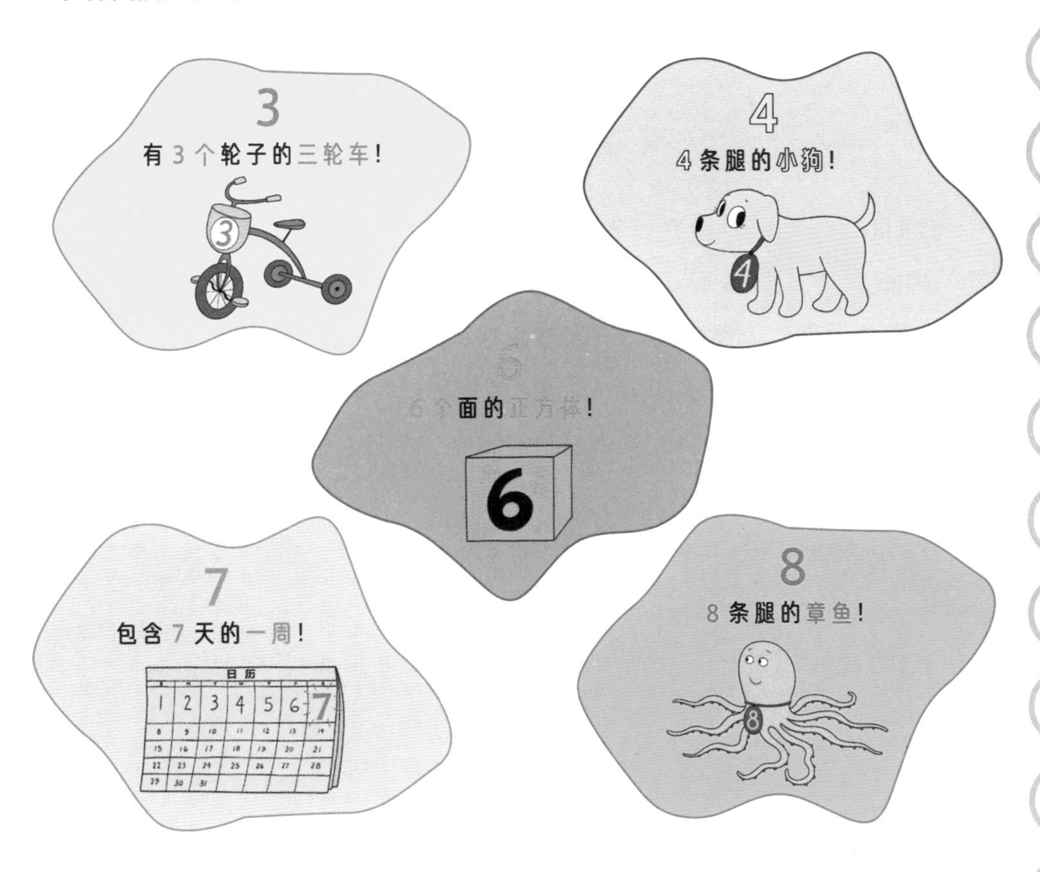

所以，如果你想要记住 4×6，你可以想象 4 条腿的小狗站在有 6 个面的正方体上面。如果你想要记住 8×3，你就可以想象 8 条腿的章鱼正骑着一辆三轮车！

这些小故事里并没有数字 5，9，10，11 和 12，因为这些数字有自己特有的小技巧，不需要通过故事来记忆！

我会告诉你很多有用的小技巧、小故事来帮助你记住这些数学算式。首先，我们将学习（还有练习）8×8以内的乘除法。然后，我们将向9到12的算式进军，它们都有许多属于自己的有趣的记忆方法。你可以选择最喜欢的方法来学习。那我们这就开始吧！

3's

关于3的乘除法

我们在74页学习了关于2的乘法运算，只需要将数字翻倍就能得到答案。比如，2×4就等于4＋4＝8。现在我们来到了关于3的乘法运算，我们只需要先翻倍，然后再加一次这个数！比如算式3×4，因为我们知道2×4＝8，现在我们再多加上一个4，就能得到答案12！

3×4＝？　　这个算式代表着我们需要3个4！

2×4＝8 ← 我们需要将4翻倍来得到2个4！

＋4 ← 这里再多加一个4

＝12　现在这里一共有3个4，也是我们需要的答案！

完成！3×4＝12

任何乘3的算式都能通过这个方法得出答案。但是，我现在还将教你用其他方法来记忆这些算式。你可以选择最适合自己的方法来学习。那么，我们这就开始吧！

3×1＝3
（见73页）

3×2＝6
（见75页）

从前有两个好朋友，每天放学后都会骑着三轮车去玩圈叉游戏。

你玩过圈叉游戏吗？首先，我们需要一个行、列皆为 3 个格子的棋盘。那么，这个棋盘一共有多少个格子呢？一共有 9 个格子！

（这是一个平方数！）

基本形式

$3 \times 3 = 9$

$9 \div 3 = 3$

圈叉游戏？胜利是我的！

3 乘 3 等于 **9**！

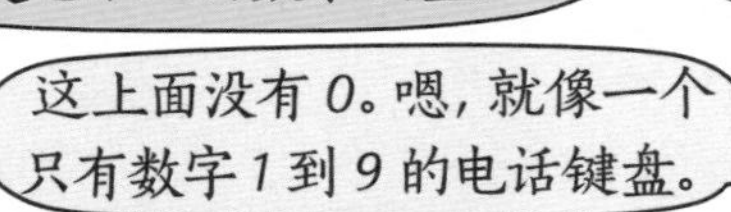

哇，我喜欢平方数！这个 3×3 的
方格看上去像极了圈叉游戏的棋盘。
也像是电话上的数字键盘！
这上面没有 0。嗯，就像一个
只有数字 1 到 9 的电话键盘。
是的！因为只有
9 个格子，3×3 = 9！

从前有一只 4 条腿的小狗，它很想坐三轮车去 12 号街道玩。于是趁着主人不注意，它偷偷跳进了车篮框里。

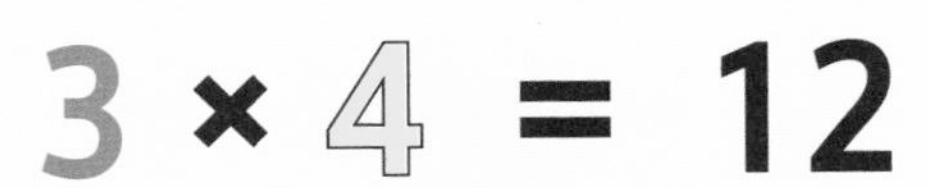

基本形式

$3 \times 4 = 12$

$4 \times 3 = 12$

$12 \div 3 = 4$

$12 \div 4 = 3$

小狗自己跳上了去往 12 号街道的三轮车！3 乘 4 等于 **12**。

为什么是去 12 号街道？
这是在帮助你记忆
3×4 = 12 啦！

$3 \times 5 = 15$

用跳跃计数法，跳数 3 次：5，10，15。

92 页上还有更多例子！

基本形式

$3 \times 5 = 15$

$5 \times 3 = 15$

$15 \div 3 = 5$

$15 \div 5 = 3$

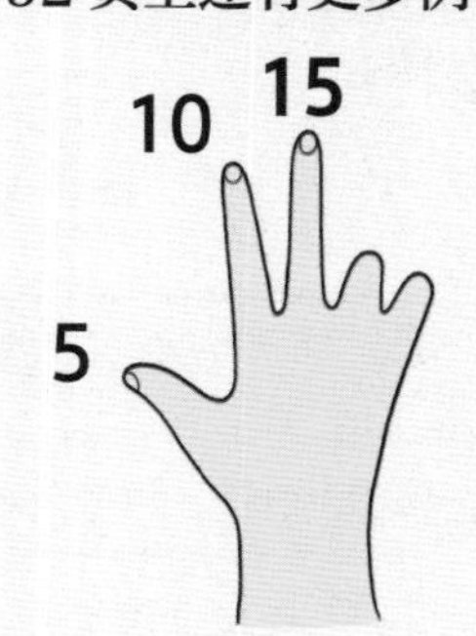

$3 \times 6 = 18$

很久以前，有一辆玩具三轮车想要回到玩具盒子里。幸好，有位玩偶皇后伸出援手，帮助它跳进了这个有 6 个面的玩具盒子里。她真是位美丽又善良的皇后！你瞧，她的披风上镶嵌了 18 颗宝石呢，真漂亮！

基本形式

$3 \times 6 = 18$

$6 \times 3 = 18$

$18 \div 3 = 6$

$18 \div 6 = 3$

哇！这位就是那个伟大的皇后啊！3 乘 6 等于 **18**。

3 × 7 = 21

很久以前，当松鼠小姐还是只小小松鼠时，她在一个夏天花了一整周的时间骑三轮车。是的，一周7天！虽然夏天的天气非常炎热，烈日下的松鼠小姐骑得汗流浃背，但是她一点都不介意，因为骑车太有趣了！

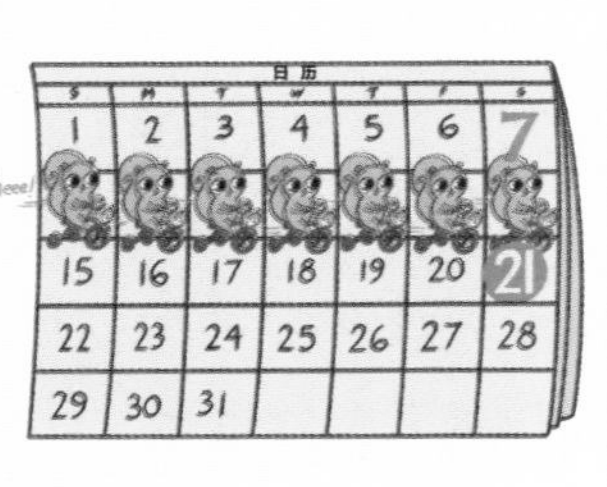

基本形式
3 × 7 = 21
7 × 3 = 21
21 ÷ 3 = 7
21 ÷ 7 = 3

在烈日下骑三轮车？太有趣了！
3 乘 7 等于 21。

3 × 8 = 24

你见过一只长着8条腿的章鱼骑三轮车吗？不过，章鱼的骑行技巧可有些糟糕！它用了一整天（24小时）的时间手忙脚乱地学习，那些没有用到的腿都差点打结。它越是努力，打的结就越多！

基本形式
3 × 8 = 24
8 × 3 = 24
24 ÷ 3 = 8
24 ÷ 8 = 3

乘8的小技巧：先乘4，之后再将乘积翻倍。
因为 3 × 4 = 12，我们只要将12翻倍，就能得到 3 × 8 = **24**。

章鱼不禁痛呼到：啊，嘶！
3 乘 8 等于 24。

$3 \times 9 = 27$	$3 \times 10 = 30$	$3 \times 11 = 33$	$3 \times 12 = 36$
（见 111 页）	（见 117 页）	（见 123 页）	（见 130 页）

数位数字相加的魔法

在任何关于 3 的乘法算式中，如果我们将乘积中每个数位上的数字相加，就能得到一个可以被 3 整除的数！比如 $3\times 7 = 21$，我们将乘积 21 的每个数位上的数字相加，得到 $2 + 1 = 3$。怎么样？再比如 $3\times 12 = 36$，我们将 36 的每个数位上的数字相加，得到 $3 + 6 = 9$，而 9 除以 3 等于 3。很棒吧？不过这个魔法只在 3 的乘法算式中奏效。（另外，在 9 的乘法算式中，还有其他更加有趣的小魔法哦——见 109 页！）这个小魔法可以帮助验算，看看有关 3 的乘法算式的答案是否正确！

哇！

我喜欢这部分中所有关于 3 的小故事，因为这些故事里都有三轮车！
是因为三轮车有 3 个轮子吗？
是的！如果你在思考 3×7 等于多少的时候，就可以想象一个关于三轮车的小故事，用三轮车来代表数字 3，再在故事里加入一个可以代表数字 7 的事物……
我知道，可以用“一周”，是吧？因为一周里有 7 天。
真厉害！
嗯，一个关于三轮车和一周的故事……我想到了！我曾连续骑了一周的三轮车！
太有趣了！
所以，3×7 = 21。

一定要先好好熟悉关于 3 的小故事和小技巧，然后练习我们已经学到的从 3×0 到 3×8 的乘法算式。下面的问题中，彩色的文字可以帮助你想起一些小故事。然后，使用我们学过的小技巧来回答问题。我做第 1 题示范给你看！

1. 8 × 3 = ?

一起来玩吧：**题目中有 8，代表着有 8 条腿的章鱼。还有一个 3，代表着三轮车。对啦！章鱼想要骑三轮车，但是它却举着打结的触手呼喊道：“啊，嘶！”这声音听上去很像 24，能够帮助我们记住答案。另外，“数位数字相加的魔法”可以帮助我们验算！2 + 4 = 6，6 除以 3 等于 2！（见 84 页）**

答案：8 × 3 = 24

2. 3 × 3 = ?　3. 3 × 6 = ?　4. 3 × 4 = ?　5. 3 × 8 = ?

6. 3 × 7 = ?　7. 4 × 3 = ?　8. 5 × 3 = ?　9. 3 × 0 = ?

10. 3 × 2 = ?　11. 8 × 3 = ?　12. 3 × 5 = ?　13. 7 × 3 = ?

14. 2 × 3 = ?　15. 5 × 3 = ?　16. 1 × 3 = ?　17. 6 × 3 = ?

你需要多做几遍这些练习！另外，在网站 TheTimesMachine.com 上也能找到更多相关的练习题。当你能够熟练计算这些算式后，就可以开始下一页的除法练习啦。

继续！

我做第 1 题示范给你看！

（答案见 219 页）

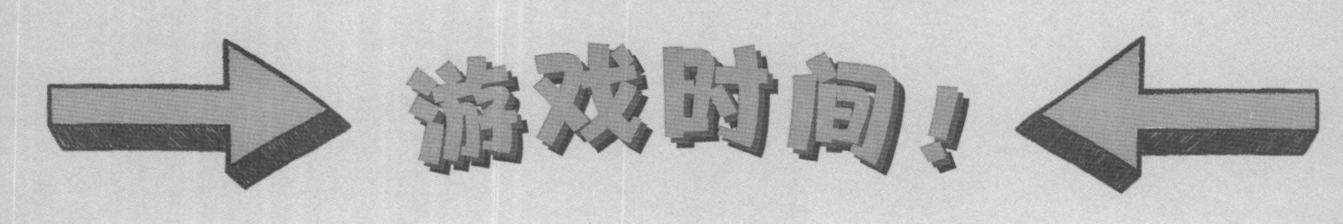

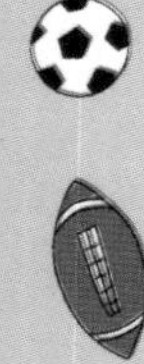

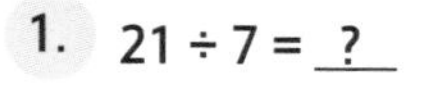
1. 21 ÷ 7 = ?

一起来玩吧：这道题看上去有点难，但我们可以“倒立”来看问题，将这个算式看作消失了一个数字的乘法来计算！所以这个除法算式就变成了 7× ？ = 21。嗯……这看上去好熟悉！和上一页的第 13 题一模一样。我们做过 7 × 3 = 21，所以，3 就是那个消失的数字！这就意味着 21 ÷ 7 = 3，完成！

答案：21 ÷ 7 = 3

2. 6 ÷ 2 = ?　3. 15 ÷ 3 = ?　4. 18 ÷ 3 = ?　5. 6 ÷ 3 = ?

6. 15 ÷ 5 = ?　7. 0 ÷ 3 = ?　8. 21 ÷ 7 = ?　9. 24 ÷ 3 = ?

10. 9 ÷ 3 = ?　11. 3 ÷ 1 = ?　12. 21 ÷ 3 = ?　13. 12 ÷ 4 = ?

14. 24 ÷ 8 = ?　15. 12 ÷ 3 = ?　16. 18 ÷ 6 = ?

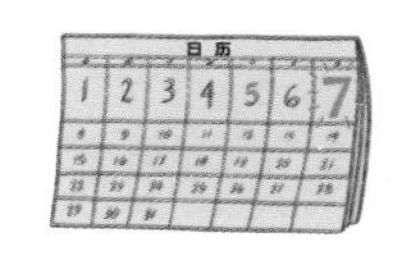

真棒！这周的每一天都要复习关于 3 的乘除法算式哟。每天都要动动手，做一做这些乘除法算式练习。另外，你也可以在网站 TheTimesMachine.com 上下载并打印乘法口诀表，把它贴在洗手间的镜子上。这样，你每天刷牙洗脸的时候就能顺便学习啦！当你觉得自己已经熟练掌握这些算式后，我们就可以开启关于 4 的算式旅程啦！真为你感到骄傲！

（答案见 219 页）

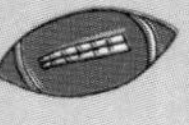

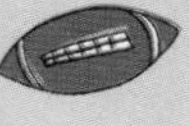

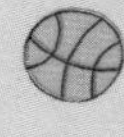

关于4的乘除法

记住，4 就是两个 2。所以，如果你会计算 2 的乘法，那么你只用将得到的乘积再乘 2 就能知道 4 乘这个数的结果啦！比如，我们知道 $2\times6=12$，那么为了计算 4×6，我们可以将 12 翻倍得到 24。所以，$4\times6=24$。在这一部分中，我也会给你讲一些关于 4 条腿小狗的故事，来帮助你记忆关于 4 的乘法算式。你可以选择对你最有帮助的方法来记忆！

$4\times1=4$	$4\times2=8$	$4\times3=12$
（见 73 页）	（见 75 页）	（见 81 页）

从前，有两只十分可爱的 4 条腿小狗，它们总是忍不住四处嗅。它们会跑到花园里叼木棍玩。一天，它们找到了 16 根排列成正方形的木棍。它们觉得很新奇，赶紧上前嗅起来，动作麻溜！

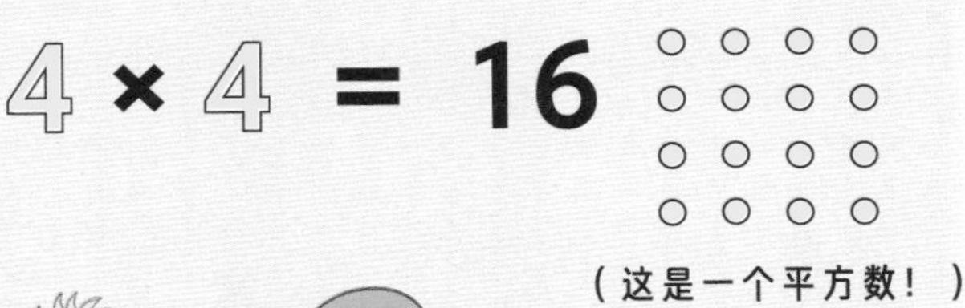

（这是一个平方数！）

基本形式

$4\times4=16$

$16\div4=4$

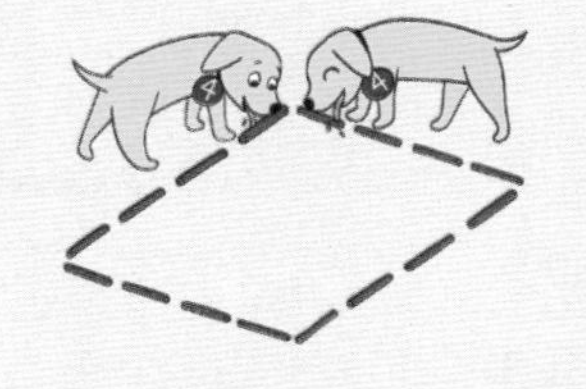

小狗狗动作麻溜！
4 乘 4 等于 16。

另外，因为 $2\times4=\underline{8}$，
所以 $4\times4=\underline{16}$。
因为 8 翻倍就是 16！

$4\times5=20$

10 15 20
5

只需要以 5 为基数跳数 4 次（5，10，15，20）！93 页上还有更多相关的内容！

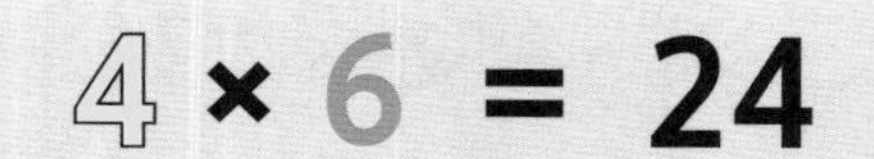

从前，有一只可爱的4条腿小狗。它站在一个有6个面的方块上。哇，它不小心掉下来啦！哎，真是的！

记住，乘4就是翻倍后再翻倍。所以，如果你知道 $2×6 = 12$。那么，将12再翻倍就能得到 $4×6 = 24$。

基本形式

$4 × 6 = 24$

$6 × 4 = 24$

$24 ÷ 4 = 6$

$24 ÷ 6 = 4$

小狗从方块上掉下来啦！哎，真是的！
4乘6等于24！

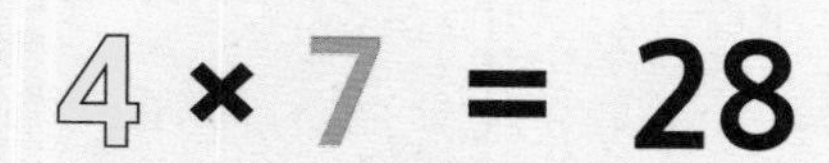

从前，有个小男孩每天都会在下午4：28的时候，带着那只可爱的4条腿小狗出门玩耍。一周7天风雨无阻。这真棒！但是有个问题，小狗喜欢一直跑，男孩每次出门遛狗都很疲惫。于是，他决定穿上轮滑鞋带小狗出门。男孩滑轮滑时发出“叭叭”的响声！

基本形式

$4 × 7 = 28$

$7 × 4 = 28$

$28 ÷ 4 = 7$

$28 ÷ 7 = 4$

记住，乘4就是翻倍后再翻倍。所以，如果你知道 $2 × 7 = 14$。那么，将14再翻倍就能得到 $4 × 7 = 28$。

我们一起出门玩，穿上滑轮“叭叭”响！4乘7等于28。

4 × 8 = 32

从前有一只可爱的 4 条腿小狗，为了追玩具球跑到了大海边，不小心被泥泞的沙滩困了半个多小时——足足 32 分钟！这时，章鱼来了，它用它的 8 只触手一起发力将 4 条腿小狗解救了出来，并把小狗送回岸边。它们看着对方满脸的泥土，不禁哈哈大笑起来！

基本形式
4 × 8 = 32
8 × 4 = 32
32 ÷ 4 = 8
32 ÷ 8 = 4

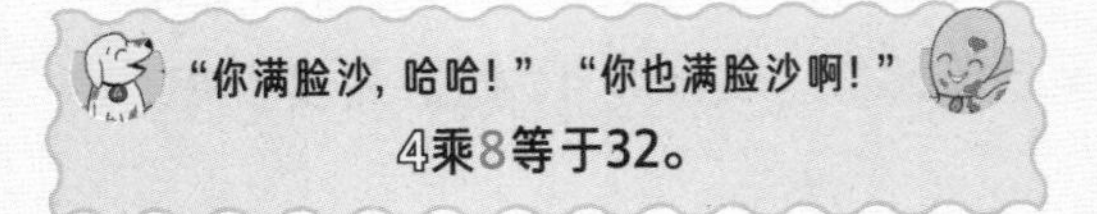
"你满脸沙，哈哈！" "你也满脸沙啊！"
4乘8等于32。

或者，我们也可以将一个数乘 2 的乘积翻倍，来计算这个数乘 4 的答案。比如，8 × 2 = 16，将 16 翻倍就能得到 8 × 4 的答案。那么，16 翻倍等于多少呢？是 32！

4 × 9 = 36
（见 111 页）

4 × 10 = 40
（见 117 页）

4 × 11 = 44
（见 123 页）

4 × 12 = 48
（见 130 页）

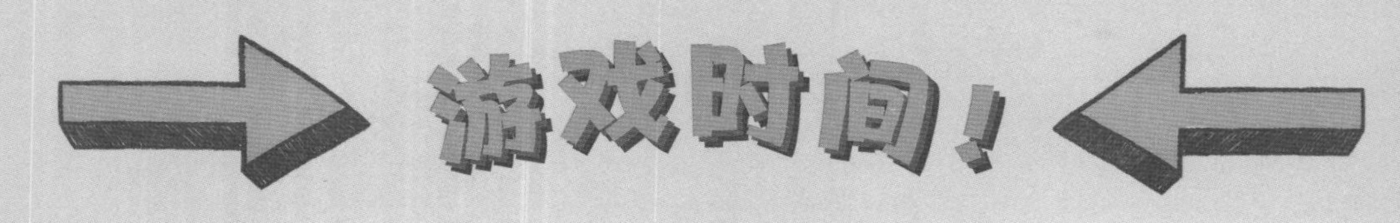

在游戏之前，要确定自己已经认真学习了关于4的小故事和小技巧。现在，让我们来练习4的乘法算式吧！从4×0到4×8，这些算式我们已经都学习过了！彩色的数字可以帮助你回忆那些关于数字的小故事，而剩下的问题可以用学过的其他小技巧来解决。我做第1题示范给你看！

1. 8 × 4 = ?

一起来玩吧：嗯，虽然这道题的数字并不是简单的2或5，但却包含一个8，它代表着我们熟悉的章鱼。还有一个4，指的是小狗……哦，对啦！章鱼帮助小狗从泥沙中挣脱出来！它们相视一笑，说："你满脸沙，哈哈！""你也满脸沙啊！"橙字部分和32押韵，就像顺口溜一样。另外，我们也可以将8×4看作8×2再翻倍。那么，16翻倍是多少呢？是32！

答案：8 × 4 = 32

2. 4 × 4 = ?	3. 4 × 7 = ?	4. 4 × 6 = ?	5. 4 × 8 = ?
6. 4 × 3 = ?	7. 2 × 4 = ?	8. 1 × 4 = ?	9. 4 × 0 = ?
10. 5 × 4 = ?	11. 4 × 1 = ?	12. 4 × 5 = ?	13. 3 × 4 = ?
14. 8 × 4 = ?	15. 4 × 2 = ?	16. 6 × 4 = ?	17. 7 × 4 = ?

建议你多做几遍这些练习！另外，在网站TheTimesMachine.com上也能找到更多的练习题。当你能熟练使用这些算式后，就可以开始下一页的除法练习啦。我做第1题示范给你看！

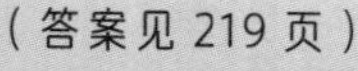
（答案见219页）

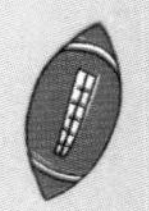

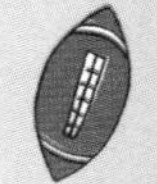

1. 24 ÷ 4 = ?

一起来玩吧：**首先我们需要"倒立"，换个角度看问题。我们要将这个除法问题写作是带问号的乘法问题！所以，这道题可以写成：4 × ? = 24。嗯……这个看上去很熟悉！就是上一页的第 4 题，我们已经计算过 4 × 6 = 24。所以，6 就是需要填入的数字！也就是说 24 ÷ 4 = 6。完成！**

答案：24 ÷ 4 = 6

2. 16 ÷ 4 = ? 3. 20 ÷ 4 = ? 4. 24 ÷ 6 = ? 5. 4 ÷ 2 = ?

6. 12 ÷ 3 = ? 7. 4 ÷ 4 = ? 8. 0 ÷ 4 = ? 9. 32 ÷ 4 = ?

10. 12 ÷ 4 = ? 11. 20 ÷ 5 = ? 12. 28 ÷ 7 = ? 13. 24 ÷ 4 = ?

14. 28 ÷ 4 = ? 15. 4 ÷ 1 = ? 16. 8 ÷ 2 = ?

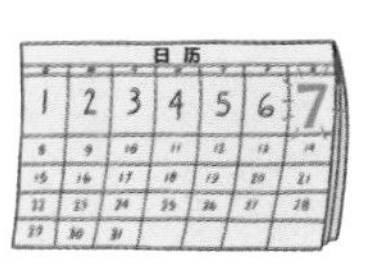

真棒！在接下来的一周中，我们每天都要复习关于4 的乘除法算式，还要坚持做乘除计算的练习。另外，你也可以在网站上 TheTimesMachine.com 下载并打印乘法口诀表。将乘法口诀表贴在洗手间的镜子上，你每天刷牙洗脸的时候就能顺便学习啦！当你觉得自己已经熟练掌握这些算式后，我们就可以开启关于 5 的算式旅程啦！我真为你感到骄傲！

（答案见 219 页）

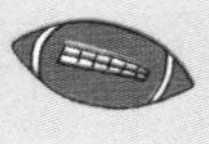

关于5的乘除法

我好期待呀，因为我最
喜欢的数字就是5。它总让我
联想到与人击掌的快乐，这也是我
最喜欢的动作呢！我还喜欢以5
为基数跳数。我们能玩
跳数游戏吗？

当然可以！

我们假设每根手指表示数字5，那么数4根手指就能得到5×4的答案！

"5!"

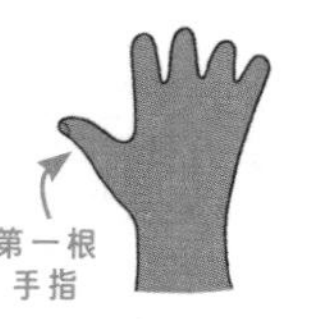
第一根
手指

$5 \times 1 = 5$

"10!"

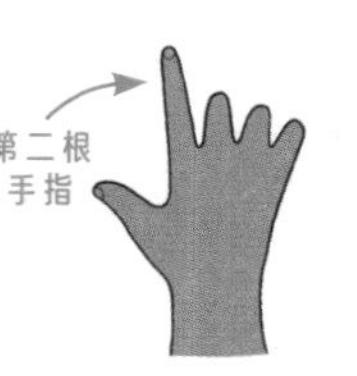
第二根
手指

$5 \times 2 = 10$

"15!"

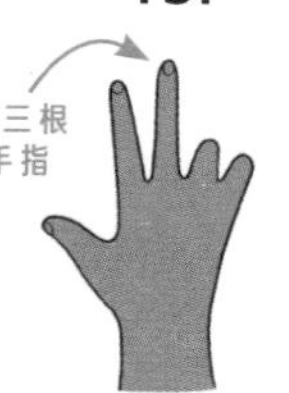
第三根
手指

$5 \times 3 = 15$

"20!"

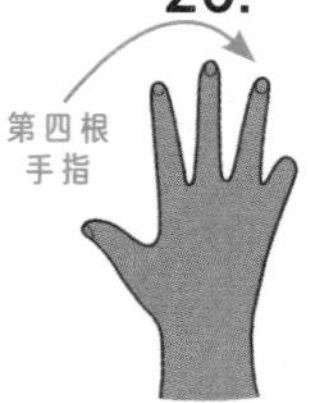
第四根
手指

$5 \times 4 = 20$

5 × 1 = 5
（见73页）

5 × 2 = 10
（见75页）

5 × 3 = 15

以5为基数跳数，
跳数3次得到15：

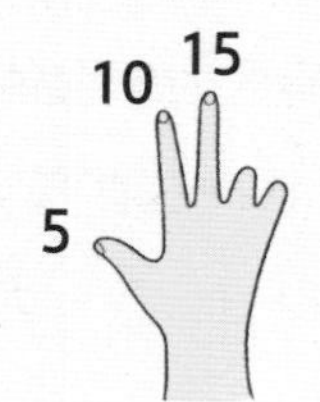
5
10
15

基本形式

$5 \times 3 = 15$

$3 \times 5 = 15$

$15 \div 5 = 3$

$15 \div 3 = 5$

小技巧：10 的一半

哇！

还有另一个关于 5 的小技巧：因为 5 是 10 的一半，所以在计算 5 的乘法时，可以先乘 10，然后再把乘积砍一半，就能得到正确答案！比如，在计算 5 × 8 时，可以先计算 10 × 8 ＝ 80，然后再将乘积除以 2 得到答案：40。所以 5 × 8 ＝ 40。哈哈！

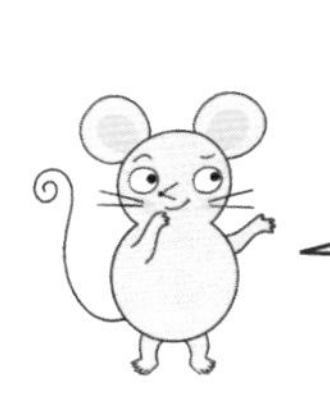
乘 10 很容易计算，除以 2 也并不困难。这样计算也能得出正确的答案的原因是，先乘 10 再除以 2 等同于直接乘 5。我说的对吗？
完全正确！

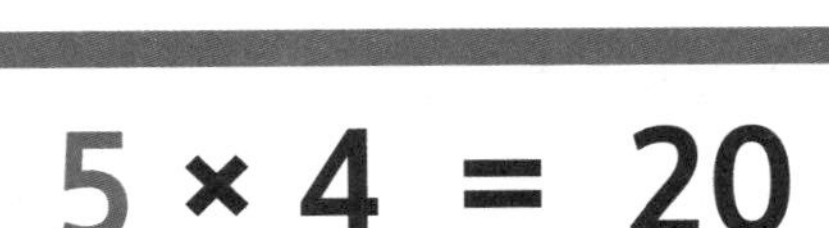
5 × 4 = 20

以 5 为基数跳数，跳数 4 次得到 20：

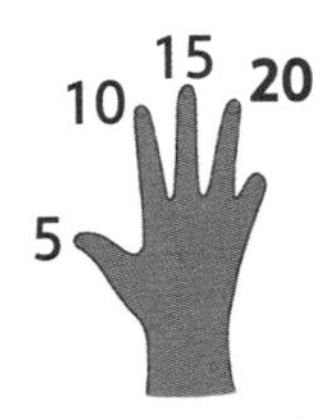
5
10
15
20

或者，先计算 10 × 4 = 40，然后再除以 2 得到 20！

基本形式
5 × 4 = 20
4 × 5 = 20
20 ÷ 5 = 4
20 ÷ 4 = 5

5 × 5 = 25

（这是一个平方数！）

以 5 为基数跳数，跳数 5 次得到 25：

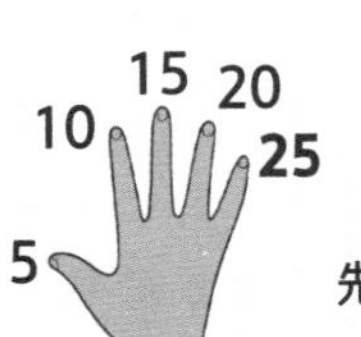
5
10
15
20
25

或者，先计算 10 × 5 = 50，然后再除以 2 得到 25！

基本形式
5 × 5 = 25
25 ÷ 5 = 5

$5 \times 6 = 30$

以 5 为基数跳数，
跳数 6 次得到 30：

5 10 15 20 25 30

或者，
先计算 $10 \times 6 = 60$，然后再除以 2 得到 30！

基本形式
$5 \times 6 = 30$
$6 \times 5 = 30$
$30 \div 5 = 6$
$30 \div 6 = 5$

我刚刚发现了一个秘密：乘 5 的答案不是以 5 结尾就是以 0 结尾。我这么说对吗？
对的！如果 5 乘任何一个奇数，那么答案就以 5 结尾；如果 5 乘任何一个偶数，那么答案就以 0 结尾！

$5 \times 7 = 35$

以 5 为基数跳数，
跳数 7 次得到 35：

5 10 15 20 25 30 35

或者，
先计算 $10 \times 7 = 70$，
然后再除以 2 得到 35！

基本形式
$5 \times 7 = 35$
$7 \times 5 = 35$
$35 \div 5 = 7$
$35 \div 7 = 5$

$5 \times 8 = 40$

以 5 为基数跳数，
跳数 8 次得到 40：

5 10 15 20 25 30 35 40

或者，
先计算 $10 \times 8 = 80$，
然后再除以 2 得到 40！

基本形式
$5 \times 8 = 40$
$8 \times 5 = 40$
$40 \div 5 = 8$
$40 \div 8 = 5$

$5 \times 9 = 45$	$5 \times 10 = 50$	$5 \times 11 = 55$	$5 \times 12 = 60$
（见 112 页）	（见 118 页）	（见 124 页）	（见 130 页）

这样看来，乘 5 的算式也并不困难，但是乘 10 更加简单。所以，我更喜欢用“10 的一半”这个小技巧来计算关于 5 的乘法，尤其是在计算乘数比较大的乘法时，比如 5×7 和 5×8。

我更喜欢用跳跃计数法，因为每一次以 5 为基数跳数，就像是在庆祝自己在数学考试中获得了优秀，然后和朋友开心击掌！

我们有很多方法可以帮助记忆关于 5 的乘法计算，选择你最喜欢的方式就好。其实，我还知道另一种方法——看看墙上的钟吧！

时钟戏法：关于 5 的乘法计算！

大多数时钟都是用指针来告诉我们时间。短指针所指的数字代表着几时，而长指针所指的数字代表着几分。这是如何办到的呢？因为，表盘上分针所指的数字都比前一个数字多 5 分钟。比如，如果时钟的短针指向 2 过一点的位置，长针正对 3 的位置，那么我们就能知道现在是 2：15。为什么呢？因为 3× 5 ＝ 15！如果长针指向 6，那么我们就知道现在是 2：30。因为 6× 5 ＝ 30。很神奇吧？

哇！

2：15

2：30

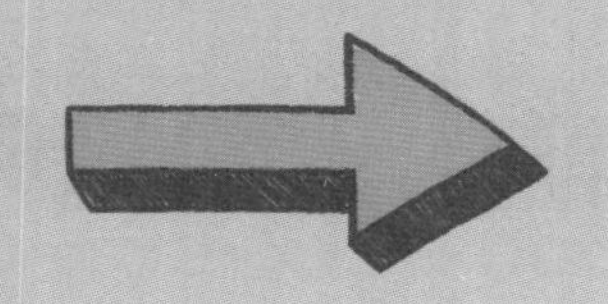

游戏时间！

是时候练习关于 5 的乘法啦！我们已经从 5×0 学习到了 5×8。通过学习，我们已经知道如何通过以 5 为基数的跳数法，还有用先乘 10 再除以 2 的小技巧来计算答案。现在，我做第 1 题示范给你看！

1. 7 × 5 = ?

一起来玩吧：**首先，我们可以使用跳数法，以 5 为基数跳数 7 次：5，10，15，20，25，30，35。或者，我们也可以先计算 7 × 10 = 70，然后除以 2 得到 35。完成！**

答案：7 × 5 = 35

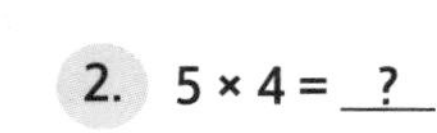

2. 5 × 4 = ?	3. 1 × 5 = ?	4. 5 × 6 = ?	5. 5 × 3 = ?
6. 7 × 5 = ?	7. 0 × 5 = ?	8. 8 × 5 = ?	9. 5 × 5 = ?
10. 2 × 5 = ?	11. 6 × 5 = ?	12. 3 × 5 = ?	13. 4 × 5 = ?
14. 5 × 8 = ?	15. 5 × 2 = ?	16. 5 × 7 = ?	17. 5 × 0 = ?

建议你多做几遍这些练习！另外，在网站 TheTimesMachine.com 上也能找到更多的练习题。当你已经能熟练计算这些算式后，就可以开始下一页的除法练习啦。我做第 1 题示范给你看！

关于 5 的乘法计算真简单！

我也这么认为！

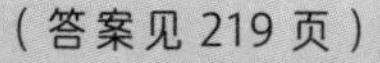
（答案见 219 页）

1. $20 \div 5 =$ __?__

一起来玩吧：**首先我们需要“倒立”，换个角度看问题。我们要将这个除法问题写作带问号的乘法问题！所以，这道题可以写成 5 × ？ = 20，或者问问自己“5 乘多少等于 20 呢？”嗯……这个算式看上去真熟悉！就是上一页的第 2 题，我们已经计算过 5 × 4 = 20。所以，4 就是需要填入的数字！也就是说 20 ÷ 5 = 4。完成！**

答案：20 ÷ 5 = 4

2. $50 \div 5 =$ __?__　3. $25 \div 5 =$ __?__　4. $30 \div 5 =$ __?__　5. $10 \div 5 =$ __?__

6. $15 \div 5 =$ __?__　7. $40 \div 8 =$ __?__　8. $20 \div 4 =$ __?__　9. $40 \div 5 =$ __?__

10. $15 \div 3 =$ __?__　11. $30 \div 6 =$ __?__　12. $35 \div 5 =$ __?__　13. $0 \div 5 =$ __?__

14. $35 \div 7 =$ __?__　15. $5 \div 1 =$ __?__　16. $45 \div 5 =$ __?__　17. $10 \div 2 =$ __?__

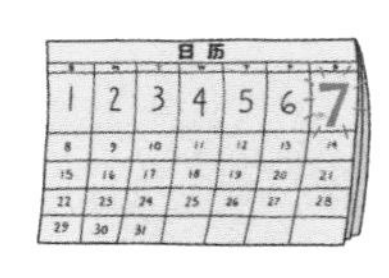

真棒！在接下来的一周里，每天都要复习关于 5 的乘除法算式啊，也要动动手，做一做乘除法练习。另外，你也可以在网站 TheTimesMachine.com 上下载并打印乘法口诀表，把它贴在洗手间的镜子上。这样，你每天刷牙洗脸的时候就能顺便学习啦！当你觉得自己已经熟练掌握这些算式后，我们就可以开启关于 6 的算式旅程啦！我真为你感到骄傲！

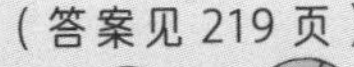

（答案见 219 页）

关于6的乘除法

让我们直接开始吧!

$6\times1=6$ (见73页)

$6\times2=12$ (见76页)

$6\times3=18$ (见82页)

$6\times4=24$ (见88页)

$6\times5=30$ (见94页)

$6\times6=36$

很久以前，有个小女孩想为生活在她家后院里的松鼠修建一幢豪宅。她找来许多6个面的正方体作为修建的砖块。这样真棒!但是风吹日晒下，砖块都变得黑黝黝的!

(这是一个平方数!)

基本形式

$6\times6=36$

$36\div6=6$

砖块变得黑黝黝。
6乘6等于36!

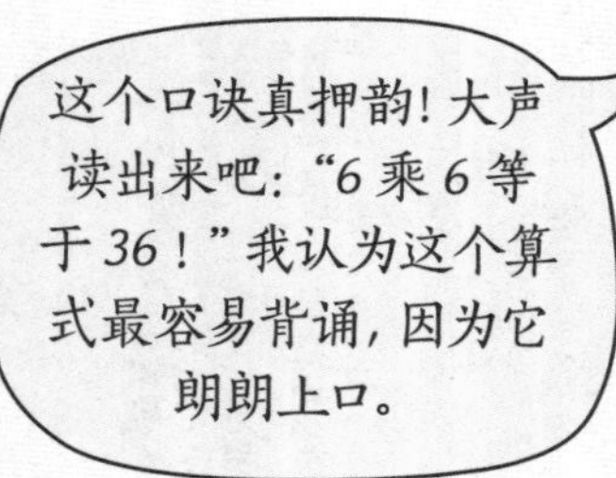

这个口诀真押韵!大声读出来吧:“6乘6等于36!”我认为这个算式最容易背诵，因为它朗朗上口。

嘿，我认识这只小松鼠!

从前有只小老鼠很贪吃。他偷吃了许多有6个面的芝士块，接连吃了7天！快来瞧一瞧，它是不是变胖了呢？是啊，是啊！它还忍不住放了42次屁呢！

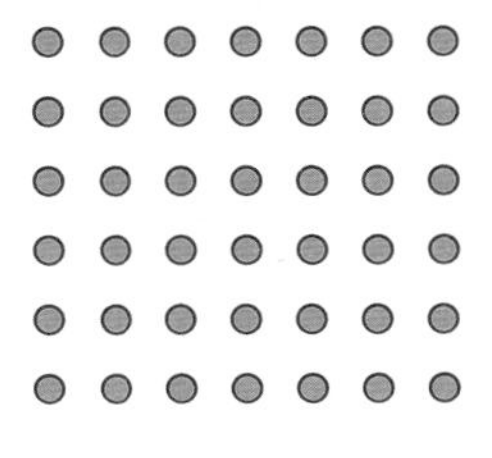

老鼠先生可真胖！是啊，是啊！
6 乘 7 等于 42！

基本形式

$6 \times 7 = 42$

$7 \times 6 = 42$

$42 \div 6 = 7$

$42 \div 7 = 6$

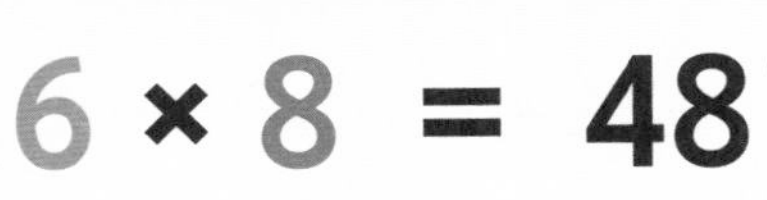

从前有一只8条腿章鱼。有一天，它正在大海里遨游，愉快地玩着一个漂浮在海上的6面立方体。啊，原来这是一个充气骰子。不好，骰子的充气阀门打开了，正往外漏着气呢！章鱼赶紧将慢慢瘪下去的骰子撑开，这样海水就被吸入了骰子，一条小鱼也被吸了进去！啊，这就像是充气骰子吃了一条无辜的小鱼，发出"嘶叭，嘶叭"的声音！什么?！骰子吃了小鱼?！

基本形式

$6 \times 8 = 48$

$8 \times 6 = 48$

$48 \div 6 = 8$

$48 \div 8 = 6$

看呀，充气骰子吃了一条小鱼，
"嘶叭，嘶叭"！6 乘 8 等于 48。

别担心，最后小鱼安全地逃出来啦！

6 × 9 = 54	6 × 10 = 60	6 × 11 = 66	6 × 12 = 72
（见 113 页）	（见 118 页）	（见 124 页）	（见 131 页）

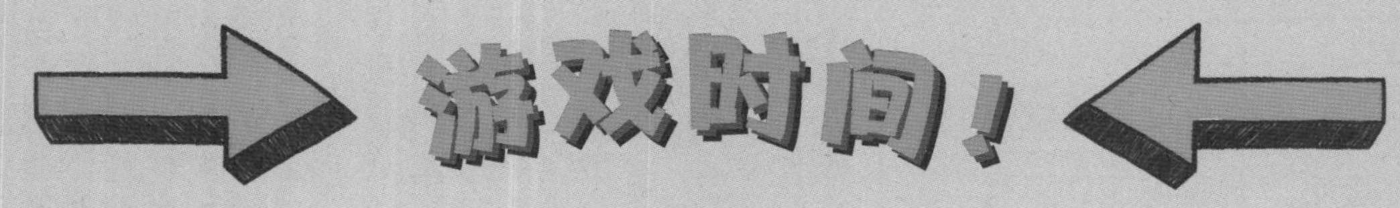

在游戏之前，要确定已经好好学习过关于 6 的小故事和小技巧。现在，让我们来练习 6 的乘法算式。到现在为止，我们已经学习了从 6×0 到 6×8 的算式！彩色的数字可以帮助你回忆数字小故事，剩下的问题可以用学过的其他小技巧来解决。我做第 1 题示范给你看！

1. 7 × 6 = ?

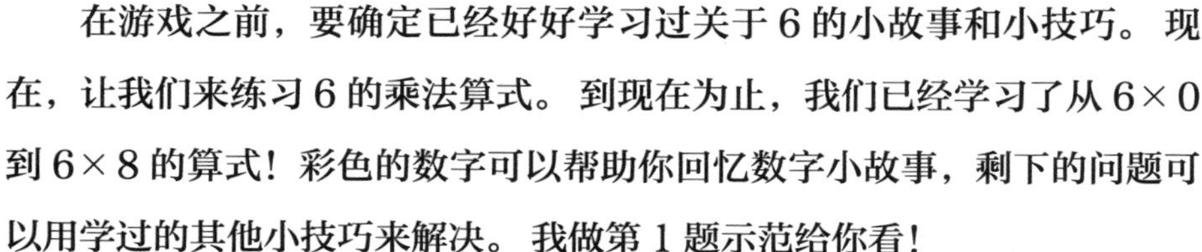

一起来玩吧：**嗯，这道题中并没有简单的 2 或 5。但是，我听过一个关于这道题的小故事。算式里的 6 代表着 6 面立方体，算式里的 7 代表着一周 7 天……那个小故事讲的是什么呢？哦，对了！老鼠先生吃了超大号的 6 面立方体芝士块，一连吃了 7 天，快来看看他是不是变胖了呢？"是啊！"对啦，答案就是 42，7 × 6 = 42。换一种方法也能做出答案。我们知道 7 × 6 就比 7 × 5 多了一个 7。我们还知道 7 × 5 = 35，而且 35 + 7 = 42。完成！**

答案：7 × 6 = 42

2. 6 × 4 = ?　　3. 6 × 8 = ?　　4. 6 × 3 = ?　　5. 6 × 7 = ?

6. 6 × 6 = ?　　7. 3 × 6 = ?　　8. 1 × 6 = ?　　9. 6 × 2 = ?

10. 6 × 0 = ?　　11. 7 × 6 = ?　　12. 6 × 5 = ?　　13. 8 × 6 = ?

14. 6 × 1 = ?　　15. 2 × 6 = ?　　16. 5 × 6 = ?　　17. 4 × 6 = ?

建议你多做几遍这些练习，熟能生巧！另外，在网站 TheTimesMachine.com 上也能找到更多的练习题。当你已经能熟练计算这些算式后，就可以开始下一页的除法练习啦。我做第 1 题示范给你看！

（答案见 219 页）

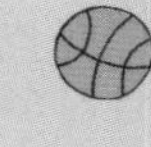

1. $48 \div 6 =$?

一起来玩吧：首先我们需要“倒立”，换个角度看问题。我们要将这个除法问题写作带问号的乘法问题！所以，这道题可以写成 $6 \times ? = 48$。嗯……这个看上去很熟悉！就是上一页的第3题，我们已经计算过 $6 \times 8 = 48$。所以，8就是需要填入的数字！也就是说 $48 \div 6 = 8$。完成！

答案：$48 \div 6 = 8$

2. $24 \div 4 =$?
3. $30 \div 6 =$?
4. $24 \div 6 =$?
5. $12 \div 2 =$?
6. $18 \div 3 =$?
7. $48 \div 8 =$?
8. $6 \div 6 =$?
9. $48 \div 6 =$?
10. $18 \div 6 =$?
11. $0 \div 6 =$?
12. $42 \div 6 =$?
13. $6 \div 1 =$?
14. $42 \div 7 =$?
15. $48 \div 6 =$?
16. $12 \div 6 =$?

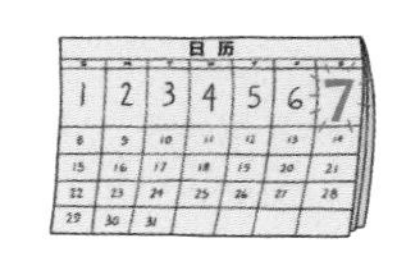

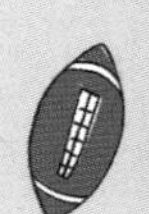

真棒！在接下来的一周里，每天都要复习关于6的乘除法算式啊，也要动动手，做一做乘除法练习。另外，你也可以在网站 TheTimesMachine.com 上下载并打印乘法口诀表，把它贴在洗手间的镜子上。这样，你每天刷牙洗脸的时候就能顺便学习啦！当你觉得自己已经熟练掌握这些算式后，我们就可以开启关于7的算式旅程啦！我真为你感到骄傲！

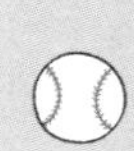

（答案见220页）
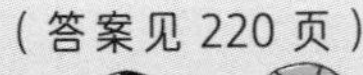

关于7的乘除法

我们一起来吧！

7 × 1 = 7 （见 73 页）	7 × 2 = 14 （见 76 页）	7 × 3 = 21 （见 83 页）
7 × 4 = 28 （见 88 页）	7 × 5 = 35 （见 94 页）	7 × 6 = 42 （见 99 页）

7 × 7 = 49

你喜欢运动吗？你看过滑雪用的滑雪板和滑雪杖吗？快看松鼠小姐，她已经做好准备，要开始滑雪了！如果你展开联想，就会发现她手里的滑雪杖就像一个乘号，脚踩的滑雪板就像两个仰面躺着的绿色数字“7”。合在一起是不是很像 7×7？

松鼠小姐热爱滑雪，热爱所有运动。于是她制作了一张海报，上面画着各种运动。运动让人活力久久，不是吗？

（这是一个平方数！）

基本形式

7 × 7 = 49

49 ÷ 7 = 7

运动让人活力久久！
7 乘 7 等于 49。

$7 \times 8 = 56$

从前，有一只章鱼想要记住 7×8 = 56。它尝试了好多次，用了一周的时间。是的，整整 7 天！然而，它还是失败了。幸好，丹妮卡告诉了它一个秘诀：

7 × 8 = 56

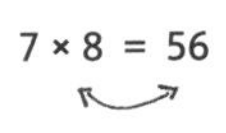

将算式等号两边的数字对换，等式依旧成立！还变得更容易记忆了呢！

56 = 7 × 8

基本形式

7 × 8 = 56
8 × 7 = 56
56 ÷ 7 = 8
56 ÷ 8 = 7

你看，数字顺序就是 5，6，7，8，很好记吧！你只用大声念出“5，6，7，8”就能记住这个乘法算式了！

变换顺序，哟哟！
7 乘 8 等于 56。

7 × 9 = 63	7 × 10 = 70	7 × 11 = 77	7 × 12 = 84
（见 113 页）	（见 118 页）	（见 124 页）	（见 131 页）

上次学习 7×7 = 49 时，我很惊讶你居然能用那“一对 7”优雅地滑雪。而让我更想不到的是，你在滑雪时，居然还能交叉滑雪杖。

我将滑雪杖交叉起来是想要比画出一个乘号！

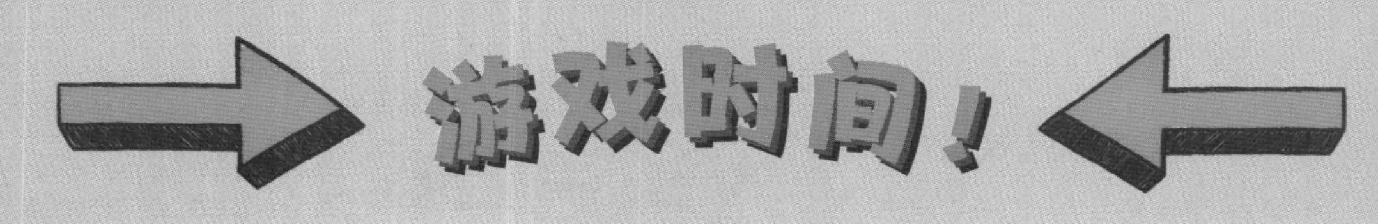

在游戏之前，要确定自己已经掌握了关于7的小故事和小技巧。现在，让我们来练习关于7的乘法算式吧！从7×0到7×8，这些我们已经在之前学习过了！彩色的数字是用来帮助你回忆数字小故事的，剩下的问题可以用学过的其他小技巧计算。我做第1题示范给你看！

1. 4 × 7 = ?

一起来玩吧：嗯，这道题中并没有简单的2或5。但我听过一个关于这道题的小故事。算式里的4代表着4条腿的小狗，7代表着一周7天……那个小故事讲的是什么呢？哦，对了！我们每天都要带小狗出门散步，但狗狗想要一直跑，我们只能穿上轮滑鞋作陪，滑起来“叭叭”作响！4 × 7 = 28。另外，我们发现4 × 7还等于2 × 7的两倍。由于2 × 7 = 14，所以这道题的答案就是14的两倍，即28。完成！

答案：4 × 7 = 28

2. 7 × 6 = ?	3. 7 × 3 = ?	4. 7 × 4 = ?	5. 7 × 8 = ?
6. 7 × 7 = ?	7. 0 × 7 = ?	8. 1 × 7 = ?	9. 6 × 7 = ?
10. 8 × 7 = ?	11. 7 × 2 = ?	12. 7 × 5 = ?	13. 4 × 7 = ?
14. 3 × 7 = ?	15. 2 × 7 = ?	16. 5 × 7 = ?	17. 7 × 0 = ?

建议你多做几次这些练习！另外，在网站TheTimesMachine.com上也能找到更多的练习题。当你觉得自己能熟练计算这些算式后，就可以开始下一页的除法练习啦。我做第1题示范给你看！

（答案见220页）

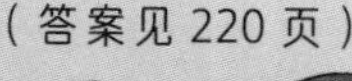

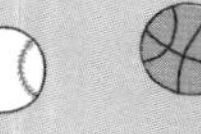

1. 49 ÷ 7 = ___?___

一起来玩吧：首先我们需要“倒立”，换个角度看问题。我们要将这个除法问题写作带问号的乘法问题！所以，这道题可以写成 7 × ？ = 49。嗯……这个看上去很熟悉！就是上一页的第 6 题，我们已经计算过 7 × 7 = 49。所以，7 就是需要填入的数字！也就是说 49 ÷ 7 = 7。完成！

答案：49 ÷ 7 = 7

2. 28 ÷ 4 = ___?___ 3. 35 ÷ 7 = ___?___ 4. 28 ÷ 7 = ___?___ 5. 14 ÷ 2 = ___?___

6. 21 ÷ 3 = ___?___ 7. 63 ÷ 7 = ___?___ 8. 70 ÷ 7 = ___?___ 9. 56 ÷ 8 = ___?___

10. 21 ÷ 7 = ___?___ 11. 7 ÷ 7 = ___?___ 12. 42 ÷ 7 = ___?___ 13. 0 ÷ 7 = ___?___

14. 49 ÷ 7 = ___?___ 15. 63 ÷ 9 = ___?___ 16. 56 ÷ 7 = ___?___

真棒！在这一周里，每天都要复习关于 7 的乘除法算式，还要动起手来，做一做乘除法练习。另外，你也可以在网站 TheTimesMachine.com 上下载并打印乘法口诀表，把它贴在洗手间的镜子上。这样，你每天刷牙洗脸的时候就能顺便学习啦！当你觉得自己已经熟练掌握这些算式后，我们就可以开启关于 8 的算式旅程啦！我真为你感到骄傲！

（答案见 220 页）

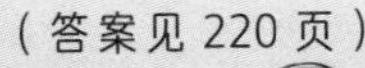

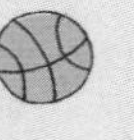

关于8的乘除法

我们一起来到数字8的世界吧！

8 × 1 = 8 （见73页）	8 × 2 = 16 （见76页）	8 × 3 = 24 （见83页）	
8 × 4 = 32 （见89页）	8 × 5 = 40 （见94页）	8 × 6 = 48 （见99页）	8 × 7 = 56 （见103页）

8 × 8 = 64

从前，有一只热爱冒险的小章鱼，想要离开大海去岸边的房子里参观一番。它的弟弟也跟随它一同前往。它们进入厨房后，被粘在地板上动弹不得！它们并不知道，这是因为它们脚上有64个吸盘。它们只是觉得这个地板可真是黏啊，不禁抱怨出来：

“天啊！脚都被粘住了。哟！真是难撕！”

8乘8等于64。

（这是一个平方数！）

基本形式

8 × 8 = 64

64 ÷ 8 = 8

8 × 9 = 72 （见114页）	8 × 10 = 80 （见118页）	8 × 11 = 88 （见125页）	8 × 12 = 96 （见131页）

游戏时间！

在游戏之前，要确定自己已经掌握了关于 8 的小故事和小技巧。现在，让我们来练习关于 8 的乘法算式。从 8×0 到 8×8，这些我们已经在之前学习过了！彩色的数字是用来帮助你回忆数字小故事的，剩下的问题可以用学过的其他小技巧计算。我做第 1 题示范给你看！

1. 8 × 8 = ?

一起来玩吧：**嗯，这道题中并没有简单的 2 或 5。但我听过一个关于这道题的小故事。算式里有两个 8……啊，是两只小章鱼。那个故事是怎么样的呢？哦，对了！因为它们脚上的吸盘吸住了地板，所以这两只小章鱼都被粘在地上动弹不得。它们挣扎着抱怨：“哟！真是难撕。”听上去就像是在说“64”！是的，所以 8 × 8 = 64。另外，我们发现 8 × 8 等于 8 × 4 的两倍。由于 8 × 4 = 32，所以这道题的答案就是 32 的两倍，即 64。完成！**

答案：8 × 8 = 64

2. 8 × 4 = ?　　3. 8 × 3 = ?　　4. 8 × 6 = ?　　5. 8 × 8 = ?

6. 8 × 7 = ?　　7. 1 × 8 = ?　　8. 3 × 8 = ?　　9. 7 × 8 = ?

10. 5 × 8 = ?　　11. 8 × 2 = ?　　12. 8 × 5 = ?　　13. 0 × 8 = ?

14. 4 × 8 = ?　　15. 2 × 8 = ?　　16. 6 × 8 = ?　　17. 8 × 1 = ?

建议你多做几遍这些练习！另外，在网站 TheTimesMachine.com 上也能找到更多的练习题。当你已经能熟练计算这些算式后，就可以开始下一页的除法练习啦。我做第 1 题示范给你看！

继续！→

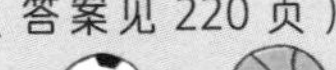
（答案见 220 页）

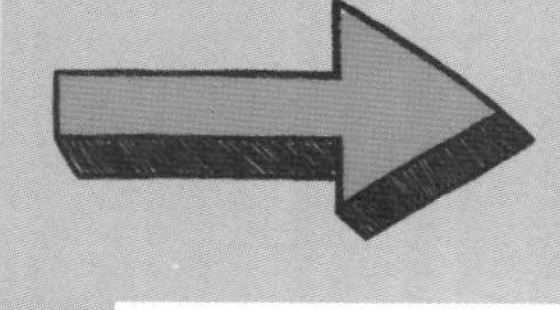

游戏时间！

1. $0 \div 8 =$?

一起来玩吧：**首先我们需要"倒立"，换个角度看问题。我们要将这个除法问题写作带问号的乘法问题！所以，这道题可以写成 $8 \times ? = 0$。我们知道，任何数乘 0 都等于 0，所以 $8 \times 0 = 0$！也就是说 $0 \div 8 = 0$。我们也可以这么理解，把 0 平均分为 8 组，每一组肯定只有 0 呀。（注意：如果题目是 $8 \div 0 = ?$，那么这道题就没有答案！具体见 70 页内容。）完成！**

答案：$0 \div 8 = 0$

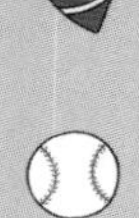

2. $32 \div 4 =$?　3. $40 \div 8 =$?　4. $32 \div 8 =$?　5. $16 \div 2 =$?

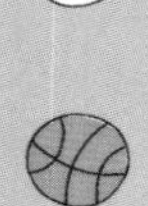

6. $48 \div 6 =$?　7. $56 \div 7 =$?　8. $24 \div 3 =$?　9. $56 \div 8 =$?

10. $24 \div 8 =$?　11. $0 \div 8 =$?　12. $48 \div 8 =$?　13. $8 \div 8 =$?

14. $64 \div 8 =$?　15. $40 \div 5 =$?　16. $16 \div 8 =$?　17. $8 \div 1 =$?

真棒！在这一周里，每天都要复习关于 8 的乘除法算式，也要每天都动起小手来，做一做相应的乘除法练习题。另外，你也可以在网站 TheTimesMachine.com 上下载并打印乘法口诀表，把它贴在洗手间的镜子上。这样，你每天刷牙洗脸的时候就能顺便学习啦！当你觉得自己已经熟练掌握这些算式后，我们就可以开启关于 9 的算式旅程啦！我真为你感到骄傲！

（答案见 220 页）

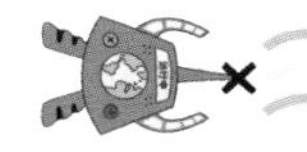

关于9的乘除法

现在，我们要开始学习关于 9 的乘除法啦！我一直期待 9 这个特别的数字，现在它终于粉墨登场啦！9 的乘法算式有个神奇现象——乘积的十位是从 0 到 9，而个位则是从 9 到 0。

哇，这太神奇了！我看出来了，当一个数乘 9，乘积的十位上的数字总比这个数小 1！比如说 9×3 = 27：乘积 27 中十位上的“2”比乘数“3”小 1。又比如说，9×7 = 63：乘积 63 中十位上的“6”比乘数“7”小 1。其他的关于 9 的乘法算式也有着相同的规律！

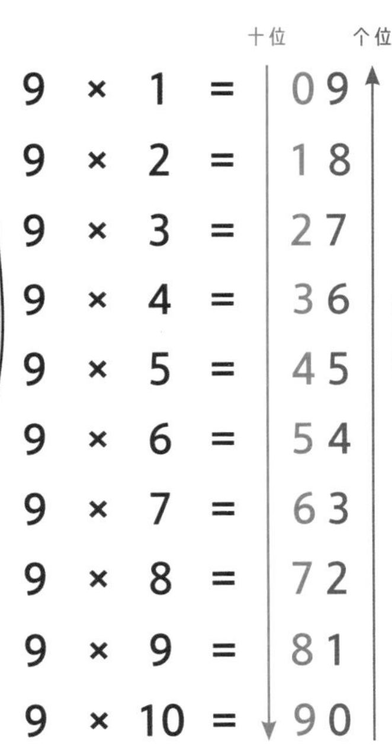

	十位	个位
9 × 1 =	0	9
9 × 2 =	1	8
9 × 3 =	2	7
9 × 4 =	3	6
9 × 5 =	4	5
9 × 6 =	5	4
9 × 7 =	6	3
9 × 8 =	7	2
9 × 9 =	8	1
9 × 10 =	9	0

我也发现一个规律，如果把乘积的个位和十位上的数字相加，总能得到 9。比如说 9×6 = 54，那么 5 + 4 = 9。这个规律可以帮助你验算关于 9 的乘法算式的答案。

做得好！但要记住，这些规律只适用于 9 的乘法算式。

小技巧：个位、十位相加法

在这些 9 的乘法算式中，我们可以将乘积个位和十位上的数字相加，结果总是 9！比如 9×3 = 27，而 2 + 7 = 9。再比如 9×6 = 54，而 5 + 4 = 9。很巧妙吧？要注意一点，这个规则只适用于 9 的乘法算式。（不过 3 的乘法算式也有类似的小技巧，见第 84 页。）

还记得 67 页上提到的关于 9 的手指戏法吗？我现在来展示给你看！

9 的手指戏法

在计算 9 乘任意个位数的算式时，我们可以将双手摆放在眼前，然后手指弯曲比画出算式中与 9 相乘的一位数。此时，我们的手指也同样展示出了算式的答案！比如，我们需要计算 9×4，就可以弯曲第 4 根手指。这时，弯曲手指的左边有 3 根手指，右边有 6 根手指。所以，我们的双手告诉我们，这道题的答案是 36！没错，9×4 = 36。真简单，不是吗？下面的图示能更加直观地告诉你如何运用 9 的手指戏法。

9 × 1 = 9

（见 73 页）

9 × 2 = 18

算式中乘积的十位和个位上的数字相加应当等于9。果然，1 + 8 = 9！（记住，这个规律只适用于 9 的乘法算式。）真棒！

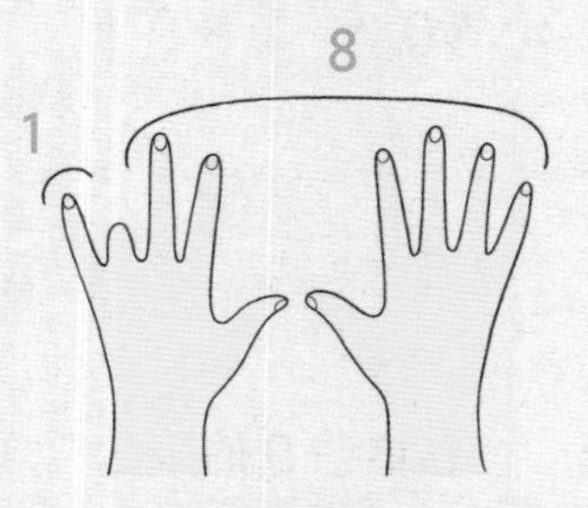

弯曲第2根手指来计算9 × 2 = 18

另外，我们也可以运用“假如 9 是 10”这个小技巧。我们先计算 10×2 = 20，然后发现这里的 2 太多了。我们根本不需要 10 个 2，只需要 9 个 2。所以，我们再减去一个 2，得到 20 − 2 = 18。

基本形式

9 × 2 = 18

2 × 9 = 18

18 ÷ 9 = 2

18 ÷ 2 = 9

注意，算式乘积的个位和十位的数字相加应当等于9。果然，2 + 7 = 9。（记住，这个规律只适用于9的乘法算式。）真棒！

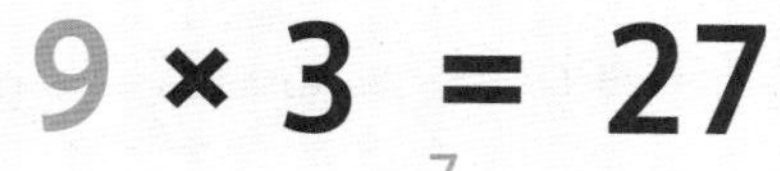

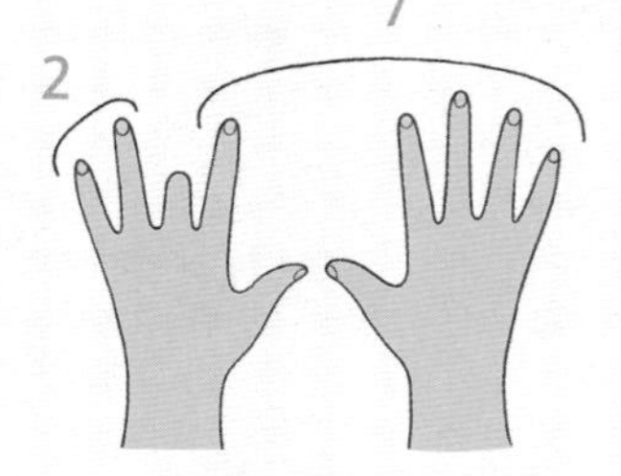

弯曲第3根手指来计算9 × 3 = 27

基本形式
9 × 3 = 27
3 × 9 = 27
27 ÷ 9 = 3
27 ÷ 3 = 9

另外，我们也可以运用“假如9是10”这个小技巧。我们先计算10×3 = 30，然后发现这里3太多了。我们根本不需要10个3，只需要9个3。所以，我们再减去一个3，得到30 − 3 = 27。

注意，算式乘积的个位和十位的数字相加应当等于9。果然，3 + 6 = 9。（记住，这个规律只适用于9的乘法算式。）非常棒！

9 × 4 = 36

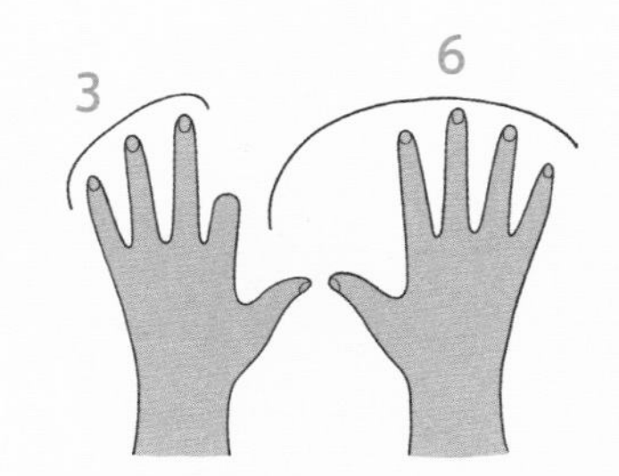

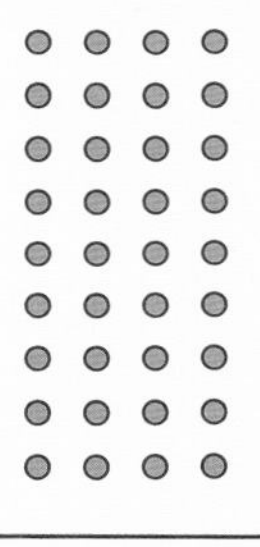

弯曲第4根手指来计算9 × 4 = 36

基本形式
9 × 4 = 36
4 × 9 = 36
36 ÷ 9 = 4
36 ÷ 4 = 9

另外，我们也可以运用“假如9是10”这个小技巧。我们先计算10×4 = 40，然后发现这里4太多了。我们根本不需要10个4，只需要9个4。所以，我们再减去一个4，得到40 − 4 = 36。

注意，算式乘积的个位和十位的数字相加应当等于9。果然，4 + 5 = 9。（记住，这个规律只适用于9的乘法算式。）做得好！

9 × 5 = 45

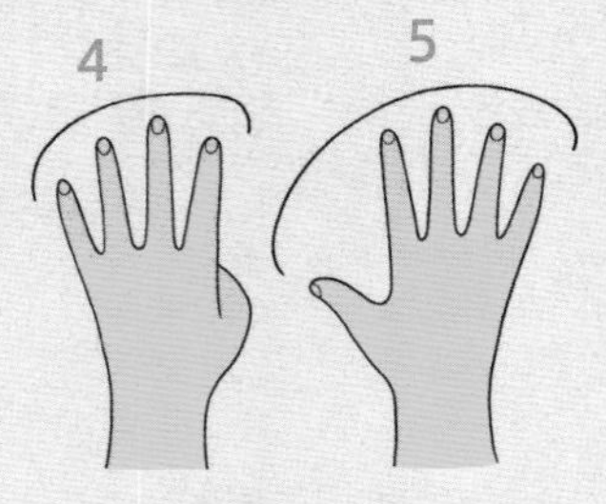

弯曲第5根手指来计算9 × 5 = 45

基本形式

9 × 5 = 45

5 × 9 = 45

45 ÷ 9 = 5

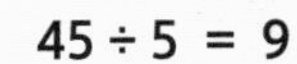

45 ÷ 5 = 9

这真聪明！我喜欢 9 的乘法算式，这个手指戏法真神奇！

我们也可以使用跳跃计数法来计算 9×5。以 5 为基数，跳数 9 次：5, 10, 15, 20, 25, 30, 35, 40, 45！

注意，算式乘积的个位和十位的数字相加应当等于9。果然，5 + 4 = 9。（记住，这个规律只适用于9的乘法算式。）真棒！

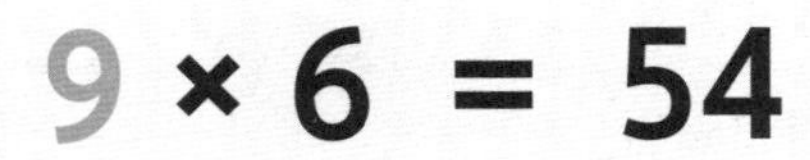

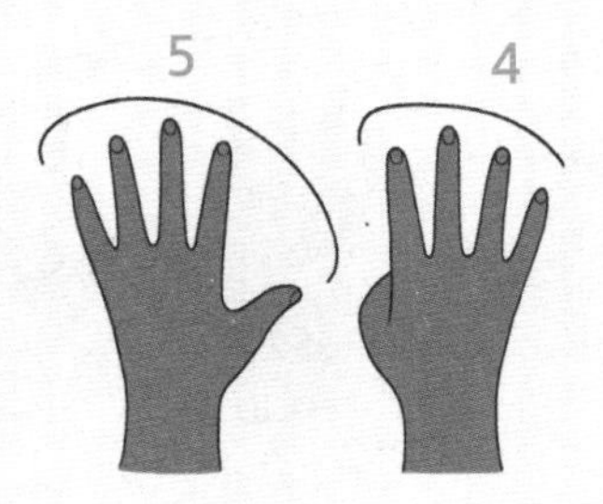

弯曲第6根手指来计算9 × 6 = 54

基本形式

基本形式
9 × 6 = 54
6 × 9 = 54
54 ÷ 9 = 6
54 ÷ 6 = 9

另外，我们也可以运用“假如9是10”这个小技巧。我们先计算10×6 = 60，然后发现这里6太多了。我们根本不需要10个6，只需要9个6。所以，我们再减去一个6，得到60 − 6 = 54。

注意，算式乘积的个位和十位的数字相加应当等于9。果然，6 + 3 = 9。（记住，这个规律只适用于9的乘法算式。）真棒！

9 × 7 = 63

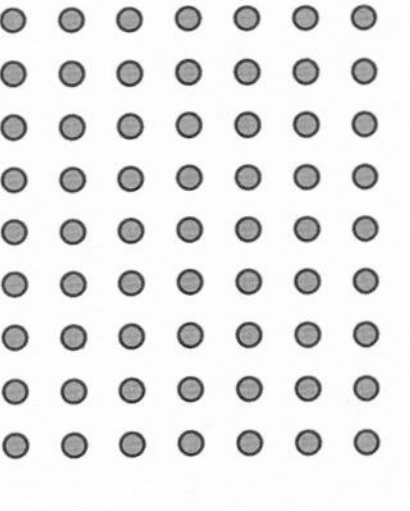

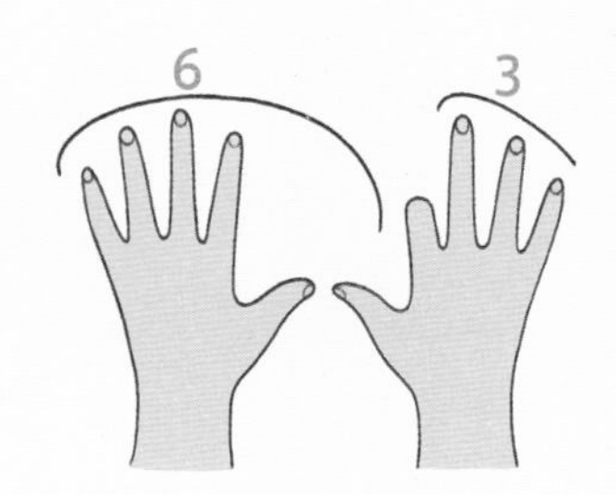

弯曲第7根手指来计算9 × 7 = 63

基本形式
9 × 7 = 63
7 × 9 = 63
63 ÷ 9 = 7
63 ÷ 7 = 9

另外，我们也可以运用“假如9是10”这个小技巧。我们先计算10×7 = 70，然后发现这里7太多了。我们根本不需要10个7，只需要9个7。所以，我们再减去一个7，得到70 − 7 = 63。

注意，算式乘积的个位和十位的数字相加应当等于9。果然，7 + 2 = 9。（记住，这个规律只适用于9的乘法算式。）真棒！

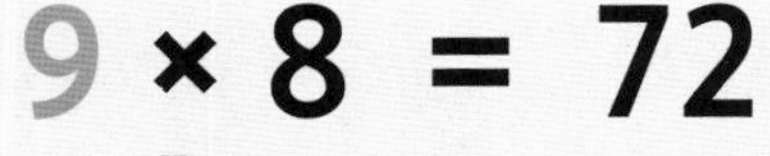

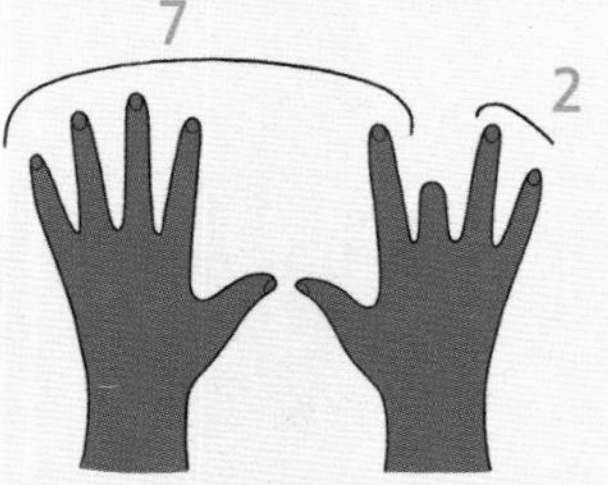

弯曲第8根手指来计算9 × 8 = 72

另外，我们也可以运用“假如9是10”这个小技巧。我们先计算10 × 8 = 80，然后发现这里8太多了。我们根本不需要10个8，只需要9个8。所以，我们再减去一个8，得到80 − 8 = 72。

基本形式
9 × 8 = 72
8 × 9 = 72
72 ÷ 9 = 8
72 ÷ 8 = 9

注意，算式乘积的个位和十位的数字相加应当等于9。果然，8 + 1 = 9。（记住，这个规律只适用于9的乘法算式。）真棒！

9 × 9 = 81

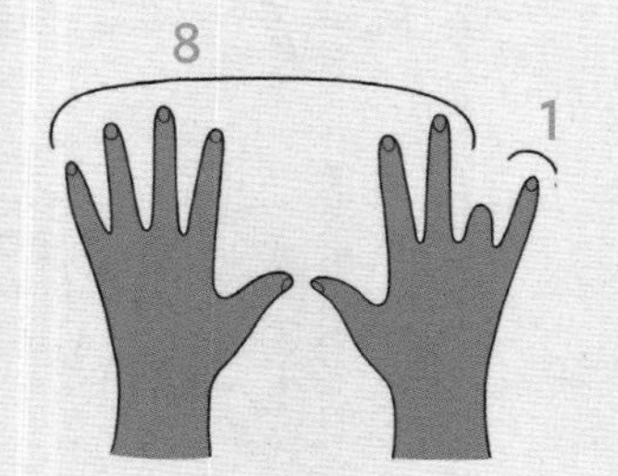

弯曲第9根手指来计算9 × 9 = 81

（这是一个平方数！）

另外，我们也可以运用“假如9是10”这个小技巧。我们先计算10 × 9 = 90，然后发现这里9太多了。我们根本不需要10个9，只需要9个9。所以，我们再减去一个9，得到90 − 9 = 81。

基本形式
9 × 9 = 81
81 ÷ 9 = 9

9 × 10 = 90 （见119页）

9 × 11 = 99 （见125页）

9 × 12 = 108 （见132页）

是时候练习 9 的乘法算式啦！从 9×0 到 9×9，这些都是我们之前学习过的算式。我们已经知道可以通过多种小技巧来算出这些乘法算式的乘积。再通过练习，我们就能熟练记忆所有算式！我做第 1 题示范给你看。

1. 7 × 9 = ?

一起来玩吧：**我们知道两种方法来解这道问题。首先，我们运用“假如 9 是 10”这个小技巧，先计算 10 × 7 = 70，对吧？但我们发现这里 7 太多了。我们根本不需要 10 个 7，只需要 9 个 7。所以，我们再减去一个 7，得到 70 - 7 = 63。我们还可以通过 9 的手指戏法来得到答案。我们先伸出双手并弯曲第 7 根手指，左边有 6 根手指，而右边有 3 更手指，得到答案 63。我们在计算中可以分别运用两种方法来确保答案正确。完成！**

答案：7 × 9 = 63

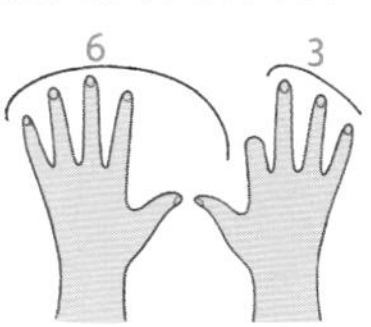

2. 3 × 9 = ?	3. 1 × 9 = ?	4. 6 × 9 = ?	5. 7 × 9 = ?
6. 9 × 2 = ?	7. 9 × 5 = ?	8. 4 × 9 = ?	9. 8 × 9 = ?
10. 2 × 9 = ?	11. 9 × 9 = ?	12. 5 × 9 = ?	13. 9 × 3 = ?
14. 9 × 8 = ?	15. 9 × 0 = ?	16. 9 × 7 = ?	17. 9 × 6 = ?

建议你多做几遍这些练习！另外，在网站 TheTimesMachine.com 上也能找到更多的练习题。当你已经能熟练计算这些算式后，就可以开始下一页的除法练习啦。我做第 1 题示范给你看！

继续！→

（答案见 220 页）

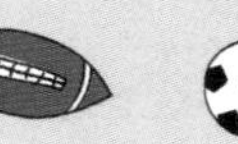
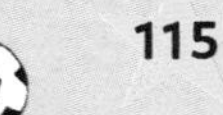

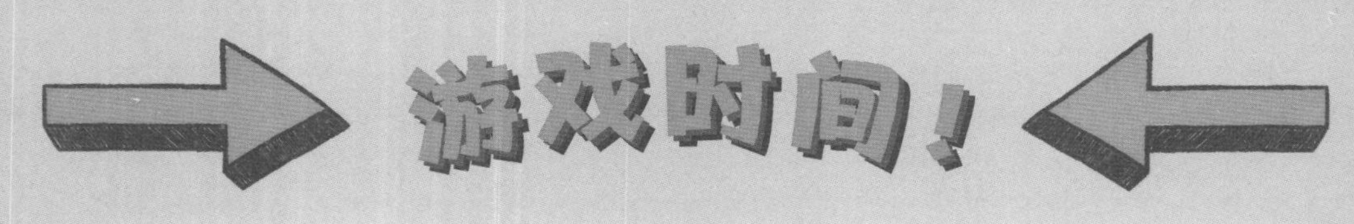

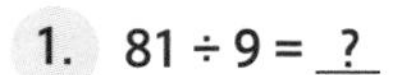

1. $81 \div 9 =$?

一起来玩吧：首先我们需要“倒立”，换个角度看问题。我们要将这个除法问题写作带问号的乘法问题！所以，这道题可以写成 $9 \times ? = 81$。看上去真眼熟，这不就是上一页中的第 11 题吗？我们做过 $9 \times 9 = 81$。也就是说，缺失部分的数字是 9。完成！

答案：$81 \div 9 = 9$

2. $36 \div 4 =$?　3. $45 \div 9 =$?　4. $36 \div 9 =$?　5. $18 \div 2 =$?

6. $72 \div 8 =$?　7. $63 \div 7 =$?　8. $72 \div 9 =$?　9. $63 \div 9 =$?

10. $0 \div 9 =$?　11. $27 \div 9 =$?　12. $54 \div 9 =$?　13. $9 \div 9 =$?

14. $81 \div 9 =$?　15. $45 \div 5 =$?　16. $27 \div 3 =$?　17. $54 \div 6 =$?

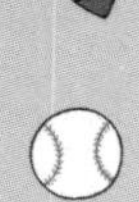

真棒！在这一周里，每天都要复习关于 9 的乘除法算式，还要每天进行相应的乘除法练习。另外，你也可以在网站 TheTimesMachine.com 上下载并打印乘法口诀表，把它贴在洗手间的镜子上。这样，你每天刷牙洗脸的时候就能顺便学习啦！当你觉得自己已经熟练掌握这些算式后，我们就可以开启关于 10 的算式旅程啦！我真为你感到骄傲！

（答案见 220 页）

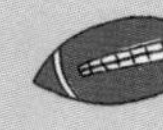

关于10的乘除法

在 43 页的学习中我们已经知道，当计算 10 的乘法算式时，我们只需要将数的位值增大一位。也就是说，我们只用在数的末尾添加一个 0！比如说，3× 10 ＝ 30，以及 12× 10 ＝ 120。这很简单，不是吗？

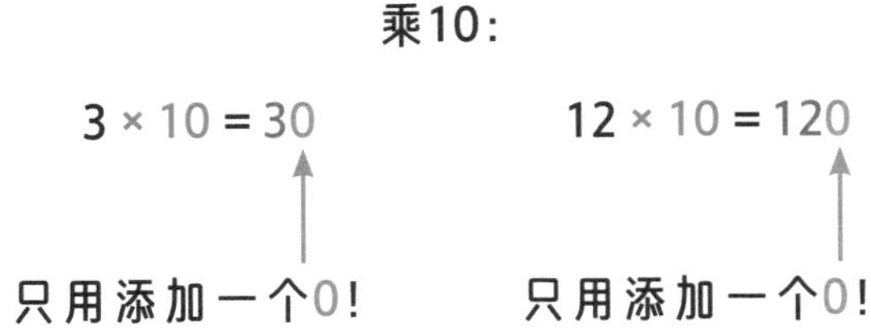

乘10:
3 × 10 = 30
只用添加一个0!

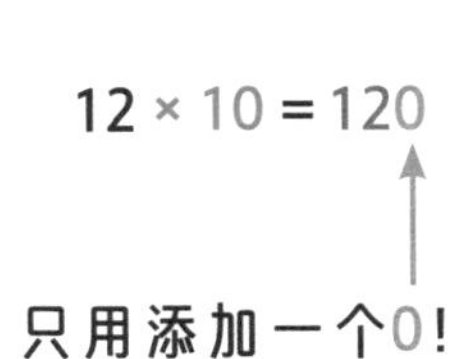

12 × 10 = 120
只用添加一个0!

我爱数字10！
哈哈！我也是。

10 × 1 = 10	10 × 2 = 20
（见 73 页）	（见 76 页）

10 × 3 = 30

基本形式

10 × 3 = 30

3 × 10 = 30

30 ÷ 10 = 3

30 ÷ 3 = 10

10 × 4 = 40

基本形式

10 × 4 = 40

4 × 10 = 40

40 ÷ 10 = 4

40 ÷ 4 = 10

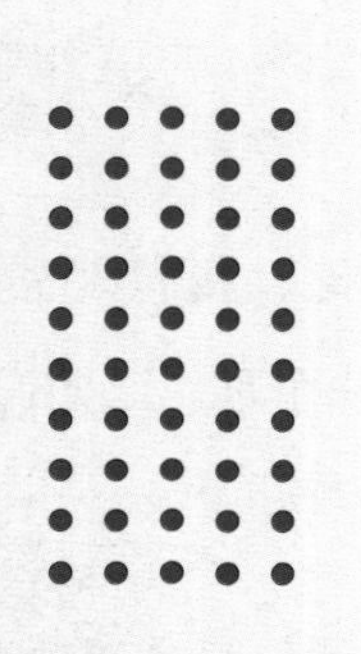

$$10 \times 5 = 50$$

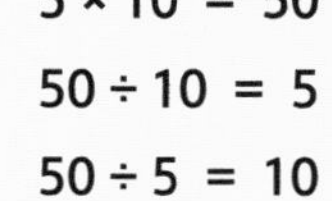

基本形式

$10 \times 5 = 50$

$5 \times 10 = 50$

$50 \div 10 = 5$

$50 \div 5 = 10$

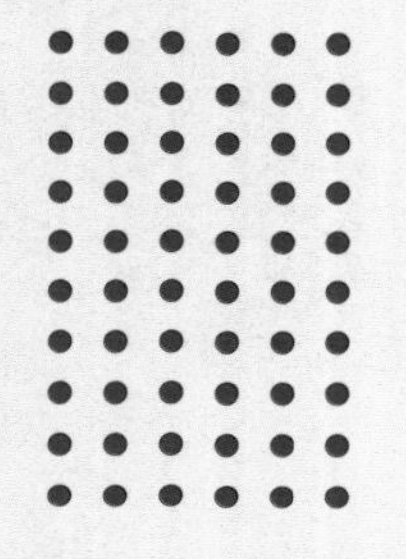

$$10 \times 6 = 60$$

基本形式

$10 \times 6 = 60$

$6 \times 10 = 60$

$60 \div 10 = 6$

$60 \div 6 = 10$

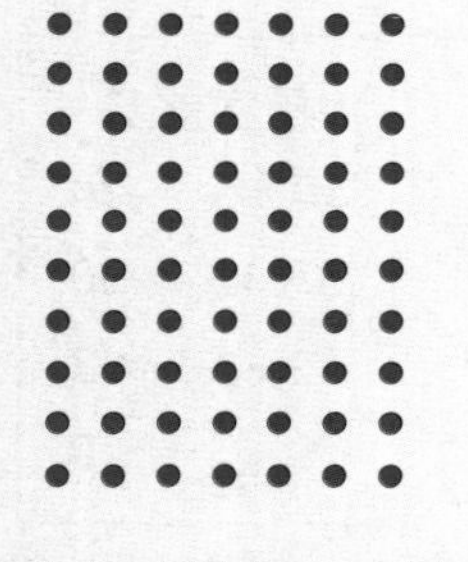

$$10 \times 7 = 70$$

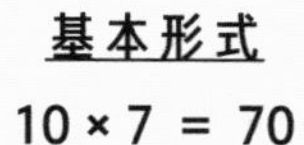

基本形式

$10 \times 7 = 70$

$7 \times 10 = 70$

$70 \div 10 = 7$

$70 \div 7 = 10$

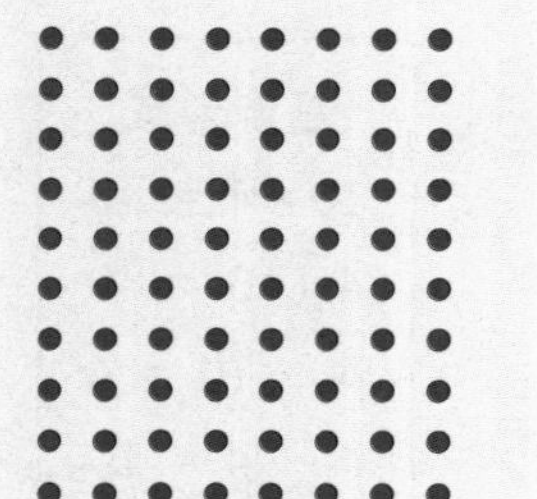

$$10 \times 8 = 80$$

基本形式

$10 \times 8 = 80$

$8 \times 10 = 80$

$80 \div 10 = 8$

$80 \div 8 = 10$

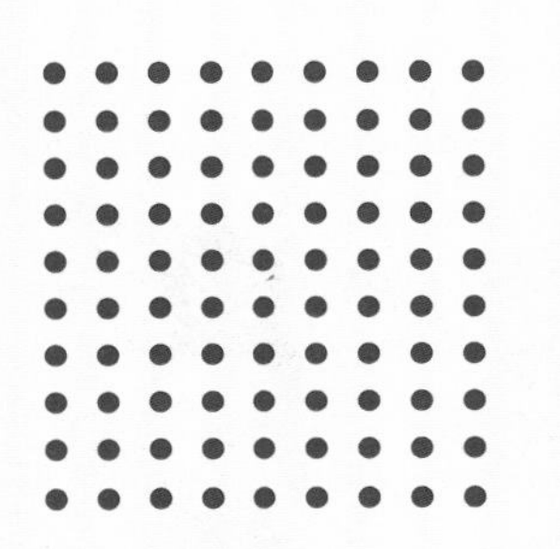

$10 \times 9 = 90$

基本形式

$10 \times 9 = 90$

$9 \times 10 = 90$

$90 \div 10 = 9$

$90 \div 9 = 10$

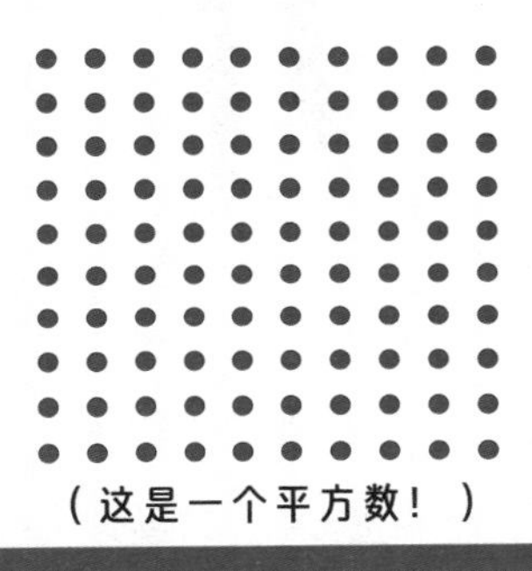

（这是一个平方数！）

$10 \times 10 = 100$

基本形式

$10 \times 10 = 100$

$100 \div 10 = 10$

$10 \times 11 = 110$

基本形式

$10 \times 11 = 110$

$11 \times 10 = 110$

$110 \div 10 = 11$

$110 \div 11 = 10$

$10 \times 12 = 120$

基本形式

$10 \times 12 = 120$

$12 \times 10 = 120$

$120 \div 10 = 12$

$120 \div 12 = 10$

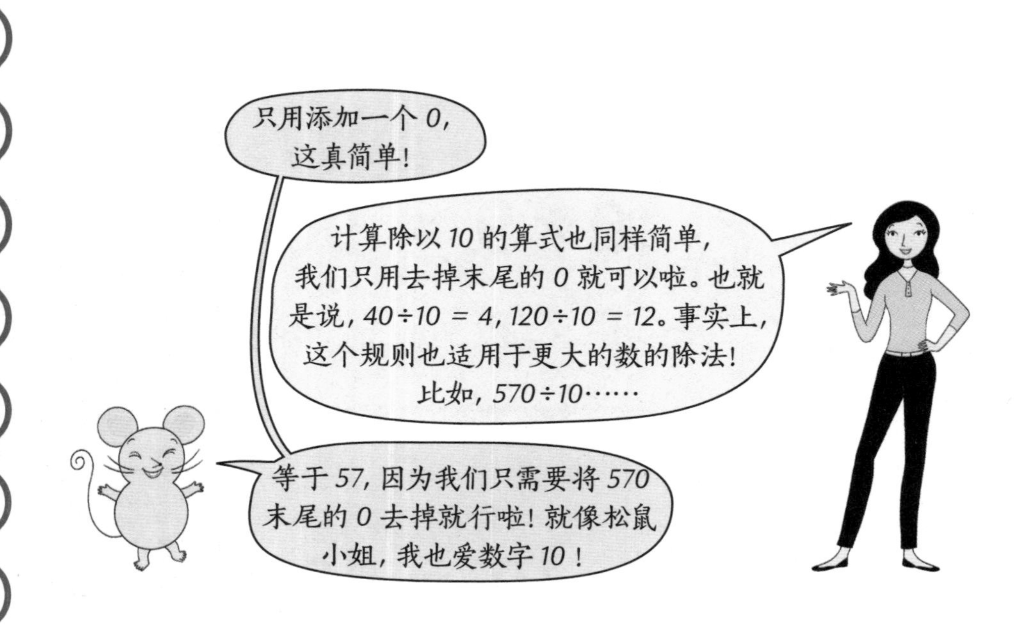

只用添加一个 0，
这真简单！
计算除以 10 的算式也同样简单，
我们只用去掉末尾的 0 就可以啦。也就
是说，40÷10 = 4，120÷10 = 12。事实上，
这个规则也适用于更大的数的除法！
比如，570÷10……
等于 57，因为我们只需要将 570
末尾的 0 去掉就行啦！就像松鼠
小姐，我也爱数字 10！

如果被除数以 0 结尾，那么除以 10 就很好计算。我们只需要将被除数末尾的 0 去掉就行啦。正如我们在 52 页上学习过的一样，除法是乘法的逆运算，也就是说，除法可以解开乘法对数字进行过的操作。所以，在数字后面添加一个 0 意味着我们给它乘上了 10，而去掉数字末尾的一个 0 就意味着我们给它除以了 10！如果想知道更多关于位值的知识，可以翻阅本书 152 页。

10的乘除法规则

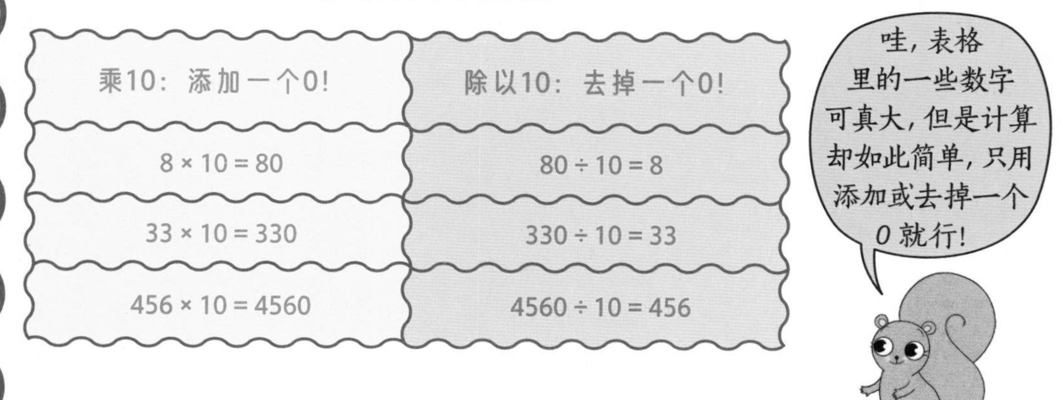

乘10：添加一个0！	除以10：去掉一个0！
8 × 10 = 80	80 ÷ 10 = 8
33 × 10 = 330	330 ÷ 10 = 33
456 × 10 = 4560	4560 ÷ 10 = 456

哇，表格
里的一些数字
可真大，但是计算
却如此简单，只用
添加或去掉一个
0 就行！

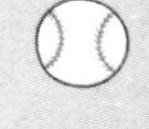

是时候练习 10 的乘法算式啦。这真称得上是场愉快的游戏，因为我们只用在数字后面加一个 0 就行啦！所以，我在练习中增加了一些没有见过的乘法算式来考考你。我做第 1 题示范给你看！

1. 34 × 10 = ?

一起来玩吧：**我们只用添加一个 0，就能计算出 34 乘 10 的答案：340。完成！**

答案：34 × 10 = 340

2. 3 × 10 = ?
3. 1 × 10 = ?
4. 6 × 10 = ?
5. 11 × 10 = ?
6. 10 × 2 = ?
7. 10 × 5 = ?
8. 12 × 10 = ?
9. 8 × 10 = ?
10. 25 × 10 = ?
11. 17 × 10 = ?
12. 82 × 10 = ?
13. 10 × 54 = ?
14. 10 × 88 = ?
15. 10 × 0 = ?
16. 10 × 23 = ?
17. 53 × 10 = ?
18. 44 × 10 = ?
19. 10 × 12 = ?
20. 10 × 72 = ?
21. 10 × 30 = ?
22. 77 × 10 = ?

在网站 TheTimesMachine.com 上还能找到更多的练习题。当你已经能熟练计算这些算式后，就可以开始下一页的除法练习啦。我做第 1 题示范给你看！

继续！→

（答案见 220 页）

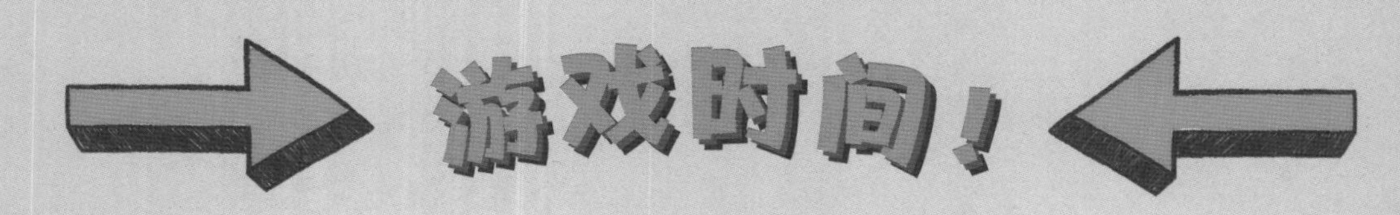

游戏时间！

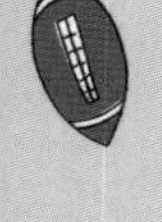
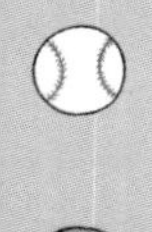

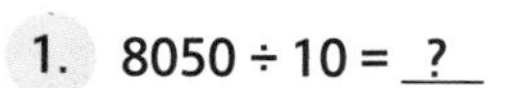

1. 8050 ÷ 10 = ?

一起来玩吧：**因为 8050 是以 0 结尾，所以我们只用去掉结尾的一个 0 就能得到答案！因此，8050 ÷ 10 = 805。注意，我们并不能去掉数字中间的 0。完成！**

答案：8050 ÷ 10 = 805

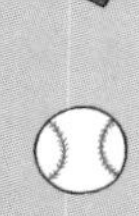

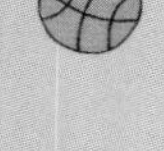

2. 80 ÷ 10 = ?
3. 50 ÷ 10 = ?
4. 100 ÷ 10 = ?
5. 120 ÷ 10 = ?
6. 110 ÷ 10 = ?
7. 630 ÷ 10 = ?
8. 900 ÷ 10 = ?
9. 840 ÷ 10 = ?
10. 1080 ÷ 10 = ?
11. 290 ÷ 10 = ?
12. 550 ÷ 10 = ?
13. 1180 ÷ 10 = ?
14. 170 ÷ 10 = ?
15. 10 ÷ 10 = ?
16. 370 ÷ 10 = ?
17. 90 ÷ 10 = ?
18. 1720 ÷ 10 = ?
19. 780 ÷ 10 = ?
20. 990 ÷ 10 = ?
21. 0 ÷ 10 = ?
22. 280 ÷ 10 = ?

我们不需要在 10 的乘除算式上花费太多时间，所以做完这些练习，就可以准备前往数字 11 啦。真棒！

（答案见 220 页）

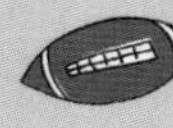

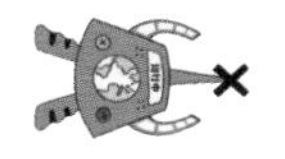

关于11的乘除法

大多数关于 11 的乘除法都很简单，你发现规律了吗？当一个乘数为 11，另一个乘数为一位数时，我们只需要将这个一位数分别写在乘积的个位和十位上就能得到答案。举个例子：

$11 \times 2 = 22$（十位 ↗ ↖ 个位）

$11 \times 8 = 88$（十位 ↗ ↖ 个位）

并不困难吧？那我们开始吧！

11 × 1 = 11	11 × 2 = 22
（见 73 页）	（见 76 页）

11 × 3 = 33

基本形式

11 × 3 = 33
3 × 11 = 33
33 ÷ 11 = 3
33 ÷ 3 = 11

11 × 4 = 44

基本形式

11 × 4 = 44
4 × 11 = 44
44 ÷ 11 = 4
44 ÷ 4 = 11

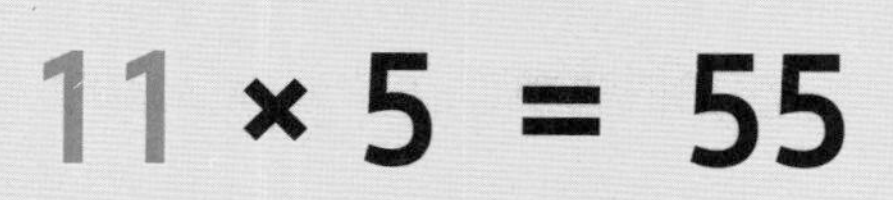

11 × 5 = 55

基本形式

11 × 5 = 55

5 × 11 = 55

55 ÷ 11 = 5

55 ÷ 5 = 11

11 × 6 = 66

基本形式

11 × 6 = 66

6 × 11 = 66

66 ÷ 11 = 6

66 ÷ 6 = 11

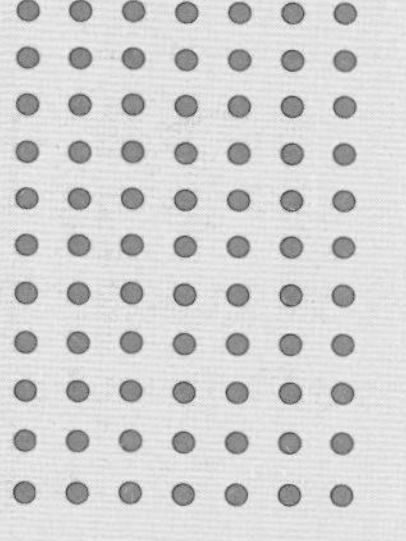

11 × 7 = 77

基本形式

11 × 7 = 77

7 × 11 = 77

77 ÷ 11 = 7

77 ÷ 7 = 11

11 真是干脆利落！11 的乘法也真简单！我们只用在乘积的十位和个位上分别写出这个一位数就能得到答案，就连乘积也长得和数字 11 很相像呢。

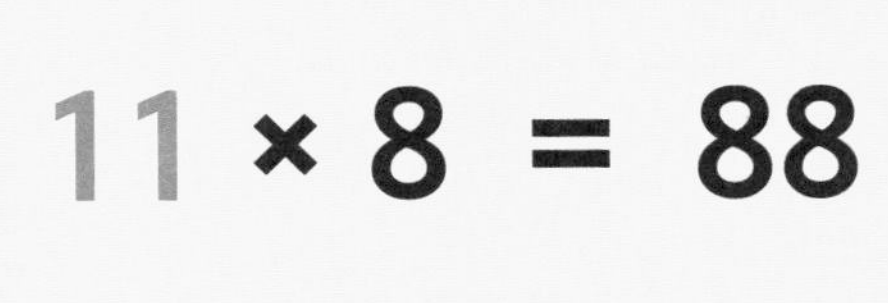

$$11 \times 8 = 88$$

基本形式

$11 \times 8 = 88$
$8 \times 11 = 88$
$88 \div 11 = 8$
$88 \div 8 = 11$

$$11 \times 9 = 99$$

基本形式

$11 \times 9 = 99$
$9 \times 11 = 99$
$99 \div 11 = 9$
$99 \div 9 = 11$

9是最大的一位数，所以这也是最后一个可以按照刚才的规律计算的算式了。

什么？那之后可怎么办呢？
别担心。你看，下一个数是10，你最喜欢的数字！

$$11 \times 10 = 110$$

基本形式

$11 \times 10 = 110$
$10 \times 11 = 110$
$110 \div 11 = 10$
$110 \div 10 = 11$

基本形式

11 × 11 = 121

121 ÷ 11 = 11

（这是一个平方数！）

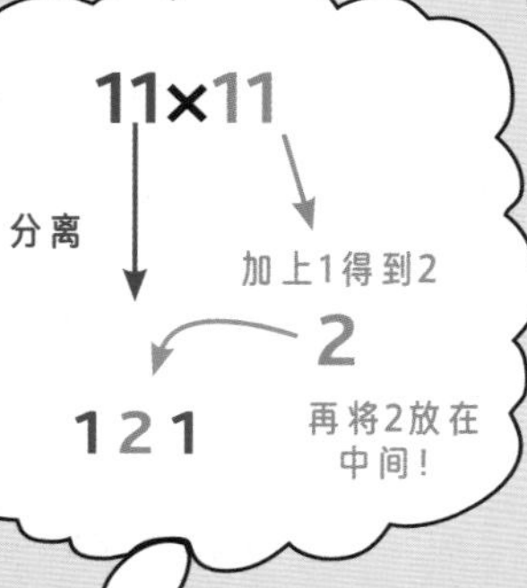

11×11
分离
加上1得到2
2
121
再将2放在中间！

哇，这就像是其中一个 11 把十位和个位上的 1 相加得到 2，再将 2 放在另一个 11 中间，最终得到 121！

很有趣，你的联想能力真强！但是要注意，这并不是真正的计算过程。不过，你也可以用这种方法来记忆 11×11 的答案。另外，我们还可以通过另一种正确的计算过程来帮助记忆。11×11 指的是 11×10 再多加一个 11。所以，我们可以先计算 11×10，然后再加上一个 11，得到 121。

你说的很对，但我还是更喜欢我的方法。

11 × 12 = 132

（见 133 页）

这么多的 11，都让我看饿了。它们看上去真像是炸薯条啊。

我觉得 11 更像是两根胡萝卜条！

是时候练习一些 11 的乘法算式啦！从 11×0 到 11×11，我们已经学习过这些算式了。记住，当一个乘数为 11，另一个乘数为 1 到 9 中的任一个时，我们只需要将这个一位数重复写在乘积的个位和十位上就能得到答案。在这里，我们还会多练习几次 11×11。我做第 1 题示范给你看！

1. 11 × 7 = ?

一起来玩吧：我因为 7 是一位数，所以我们只需要在十位和个位上重复写 7 就能得到答案：77。完成！

答案：11 × 7 = 77

2. 3 × 11 = ?　3. 1 × 11 = ?　4. 6 × 11 = ?　5. 11 × 11 = ?

6. 11 × 2 = ?　7. 11 × 5 = ?　8. 11 × 11 = ?　9. 8 × 11 = ?

10. 4 × 11 = ?　11. 11 × 11 = ?　12. 7 × 11 = ?　13. 10 × 11 = ?

14. 11 × 11 = ?　15. 11 × 0 = ?　16. 11 × 8 = ?　17. 11 × 9 = ?

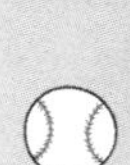

在网站 TheTimesMachine.com 上还能找到更多的练习题。当你已经能熟练计算这些算式后，就可以开始下一页的除法练习啦。我做第 1 题示范给你看！

继续！

（答案见 220 页）

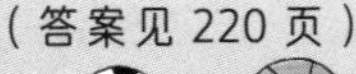

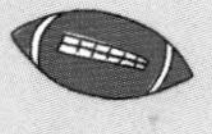

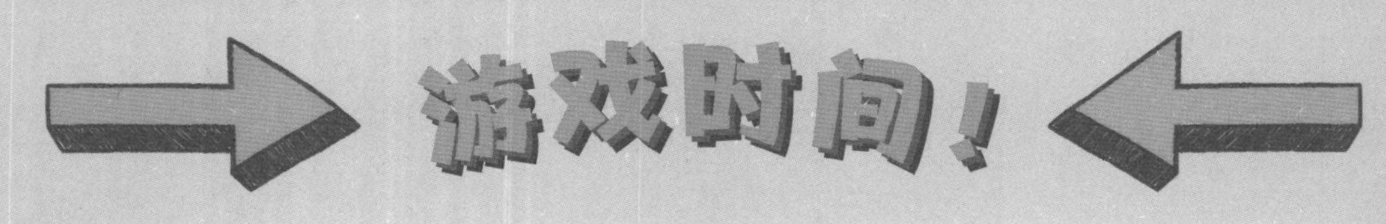

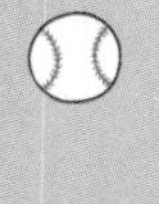

1. 121 ÷ 11 = ?

一起来玩吧：首先我们需要“倒立”，换个角度看问题。我们要将这个除法问题写作带问号的乘法问题！所以，这道题可以写成 11 × ？ = 121。看上去真眼熟，这不是上一页中的第 5 题吗？我们做过 11 × 11 = 121。也就是说，缺失部分的数字是 11。完成！

答案：121 ÷ 11 = 11

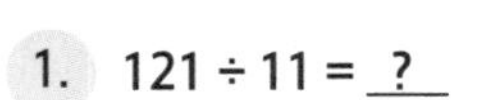

2. 44 ÷ 4 = ?　3. 99 ÷ 9 = ?　4. 88 ÷ 11 = ?　5. 121 ÷ 11 = ?

6. 11 ÷ 1 = ?　7. 77 ÷ 11 = ?　8. 121 ÷ 11 = ?　9. 110 ÷ 10 = ?

10. 11 ÷ 11 = ?　11. 121 ÷ 11 = ?　12. 66 ÷ 11 = ?　13. 0 ÷ 11 = ?

14. 55 ÷ 11 = ?　15. 121 ÷ 11 = ?　16. 99 ÷ 9 = ?　17. 121 ÷ 11 = ?

真棒！这次你也许并不需要花一整周的时间来复习关于 11 的乘除法算式，因为它们真的很简单！你只需要花些工夫记住 11 × 11 = 121 以及 11 × 12 = 132（这个算式将在 133 页学到）。另外，你也可以在网站 TheTimesMachine.com 上下载并打印乘法口诀表，把它贴在洗手间的镜子上。这样，你每天刷牙洗脸的时候就能顺便学习啦！当你觉得自己已经熟练掌握这些算式后，我们就可以开启关于 12 的算式旅程啦！我真为你感到骄傲！

（答案见 220 页）

关于12的乘除法

还记得我们在第三章中是如何用榔头敲碎数字，或者是如何切分贝果的吗？我们采用了乘法分配律，将乘法算式改写成更加简单的问题。这种方法也将帮助我们学习和记忆关于 12 的乘除法算式，因为 12 = 10 + 2，而 10 和 2 的乘法计算都比较简单。

先举个例子，比如我们想要计算 12×7。我们先借来 44 页中的“榔头”，将 12 敲碎成 10 + 2，然后计算变得更加简单的算式：10×7 = 70 和 2×7 = 14，再将两个乘积相加 70 + 14 = 84。这也是一种锻炼心算能力的好方法！

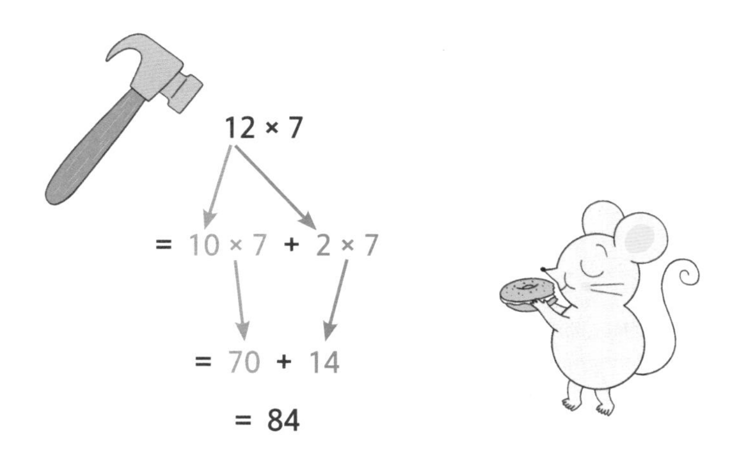

接下来我将告诉你，如何将这种方法运用在其他关于 12 的乘法运算上。不过，如果你完成并熟练掌握了 45 页上的练习，我敢肯定，你自己就能明白其中的奥妙！你能坚持学习到这里，让我感到无比骄傲。

12 × 1 = 12	12 × 2 = 24
（见 73 页）	（见 76 页）

$12 \times 3 = 36$

让我们用小榔头来敲开 12 吧！

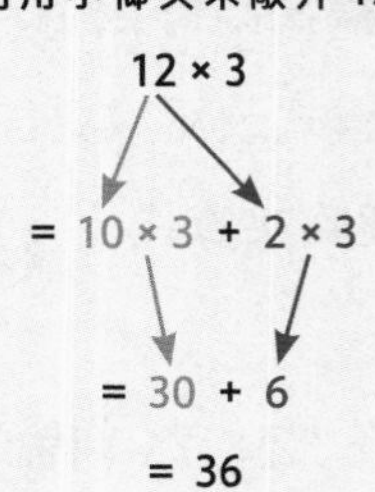

基本形式

$12 \times 3 = 36$

$3 \times 12 = 36$

$36 \div 12 = 3$

$36 \div 3 = 12$

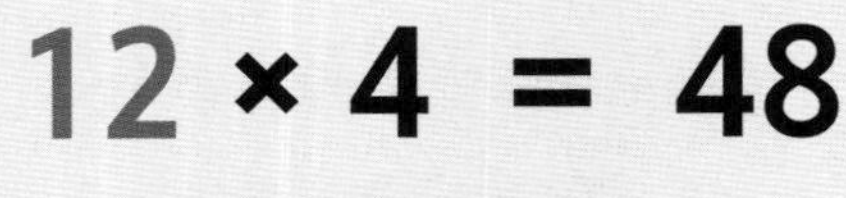

$12 \times 4 = 48$

让我们用小榔头来敲开 12 吧！

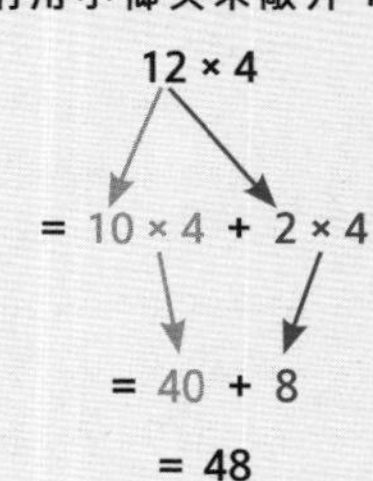

基本形式

$12 \times 4 = 48$

$4 \times 12 = 48$

$48 \div 12 = 4$

$48 \div 4 = 12$

12 的乘法运算可真酷！这个乘积直接跳过了 50 到 59！从 48 一下子跳到了 60，真厉害！

$12 \times 5 = 60$

让我们用小榔头来敲开 12 吧！

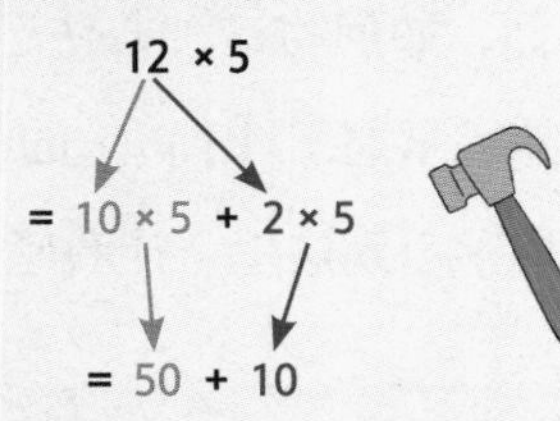

基本形式

$12 \times 5 = 60$

$5 \times 12 = 60$

$60 \div 12 = 5$

$60 \div 5 = 12$

让我们用小榔头来敲开 12 吧!

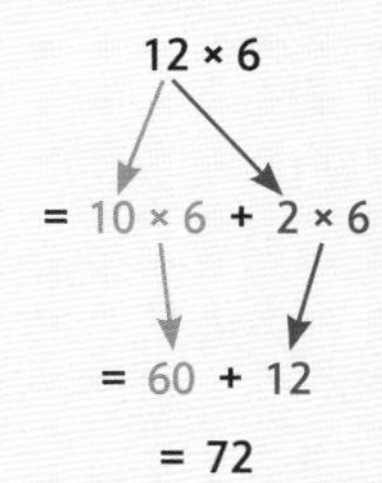

基本形式

$12 \times 6 = 72$

$6 \times 12 = 72$

$72 \div 12 = 6$

$72 \div 6 = 12$

让我们用小榔头来敲开 12 吧!

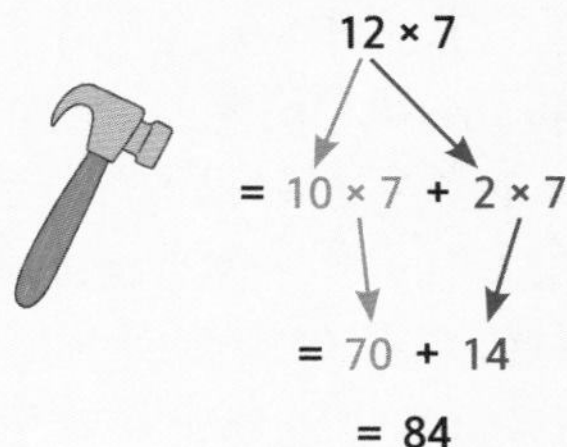

基本形式

$12 \times 7 = 84$

$7 \times 12 = 84$

$84 \div 12 = 7$

$84 \div 7 = 12$

$12 \times 8 = 96$

让我们用小榔头来敲开 12 吧!

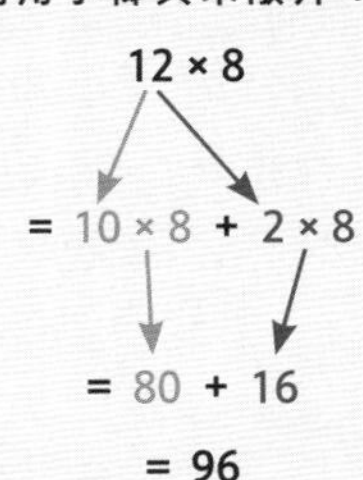

基本形式

$12 \times 8 = 96$

$8 \times 12 = 96$

$96 \div 12 = 8$

$96 \div 8 = 12$

12 × 9 = 108

让我们用小榔头来敲开 12 吧！

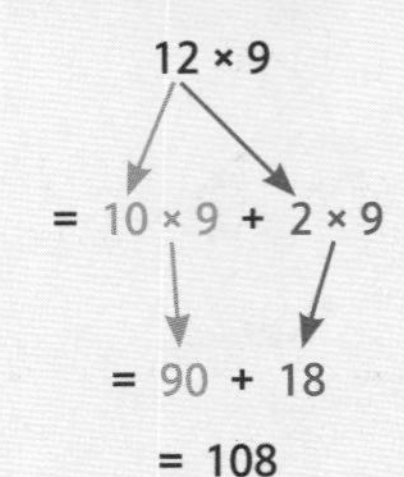

基本形式

12 × 9 = 108

9 × 12 = 108

108 ÷ 12 = 9

108 ÷ 9 = 12

等等，这里可以用 9 的手指戏法吗？

可我们只有 10 根手指，所以手指戏法只能解决 9 与一位数相乘的算式，比如 9×4，9×5，或者 9×9。虽然手指戏法行不通，但还有一件神奇的事情！这个算式的乘积的各数位上的数字相加依旧等于 9！不信你瞧：9×12 = 108。我们将各个数位上的数字相加：1 + 0 + 8 = 9。看吧，结果依旧等于 9！不过，我们要记住，“乘积的各个数位上的数字相加等于 9”这个规则仅适用于 9 的乘法算式。

那 9×11 呢？答案是 99，但是 9 + 9 = 18，并不等于 9 呀。

这都被你发现了，真棒！但是，你再看看 18 这个数，1 + 8 = 9，依旧等于 9。如果得到的乘积是个很大的数，那么你可能需要再次将各个数位上的数字相加才能得到 9。

原来如此。

12 × 10 = 120

（见 119 页）

让我们用小榔头来敲开 12 吧!

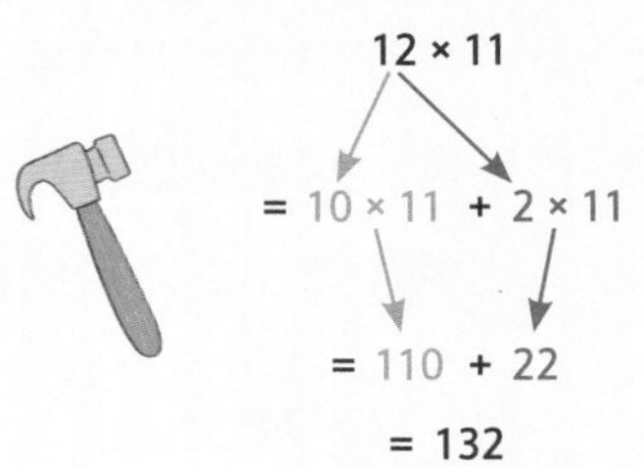

基本形式

$12 \times 11 = 132$

$11 \times 12 = 132$

$132 \div 12 = 11$

$132 \div 11 = 12$

12 × 12 = 144

让我们用小榔头来敲开 12 吧!

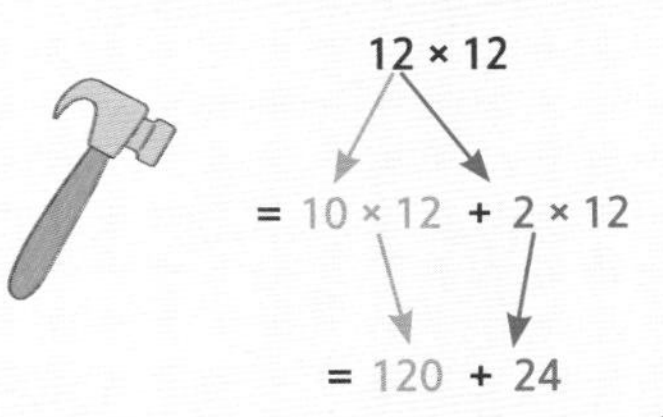

(这是一个平方数!)

基本形式

$12 \times 12 = 144$

$144 \div 12 = 12$

哇, 这是整个乘法口诀表的最后一个算式啦! 而且还是一个平方数! 真酷!

等等, 这里有两个 12, 我怕榔头会敲错数字!

我还有一个方法来解这道题。我们已经知道了 12×10 = 120, 所以我们还需要两个 12 就能得到 12×12 的答案。那么, 两个 12 等于多少呢? 等于 24! 所以 120 + 24 = 144, 就是我们需要的答案: 12×12 = 144。

恭喜! 我们已经成功学完了乘法口诀表上面的所有算式啦!

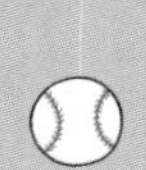

是时候练习 12 的乘法算式啦！记住，任何数字乘 12 的时候，可以先计算乘 10 和乘 2 的结果，再将得出的两个乘积相加得到答案。当然，最好的办法就是将它们都背下来。只要你做了足够多的练习，并且足够认真，就一定能熟背这些算式。我做第 1 题示范给你看！

1. $12 \times 9 =$?

一起来玩吧：**我们先用小榔头（分配律）将 12 敲成 10 + 2。然后计算 $10 \times 9 = 90$ 和 $2 \times 9 = 18$，再将两个乘积相加得到 $90 + 18 = 108$。完成！**

答案：$12 \times 9 = 108$

2. $3 \times 12 =$?	3. $1 \times 12 =$?	4. $6 \times 12 =$?	5. $12 \times 11 =$?
6. $12 \times 2 =$?	7. $12 \times 5 =$?	8. $12 \times 12 =$?	9. $8 \times 12 =$?
10. $2 \times 12 =$?	11. $9 \times 12 =$?	12. $12 \times 7 =$?	13. $10 \times 12 =$?
14. $12 \times 8 =$?	15. $12 \times 0 =$?	16. $11 \times 12 =$?	17. $5 \times 12 =$?
18. $4 \times 12 =$?	19. $9 \times 12 =$?	20. $7 \times 12 =$?	21. $12 \times 3 =$?

建议你多练习几遍这些习题！也可以在网站 TheTimesMachine.com 上找到更多的练习题。当你已经能熟练计算这些算式后，就可以开始下一页的除法练习啦。我做第 1 题示范给你看！

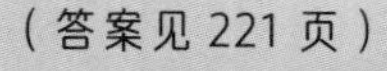
（答案见 221 页）

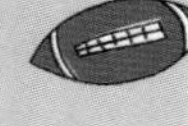

1. $84 \div 12 = \underline{?}$

一起来玩吧：首先我们需要“倒立”，换个角度看问题。我们要将这个除法问题写作带问号的乘法问题！所以，这道题可以写成 12 × ？ = 84。看上去真眼熟，这不是上一页中的第 12 题吗？我们做过 12 × 7 = 84。也就是说，缺失部分的数字是 7。完成！

答案：84 ÷ 12 = 7

2. $48 \div 4 = \underline{?}$　3. $108 \div 9 = \underline{?}$　4. $48 \div 12 = \underline{?}$　5. $96 \div 8 = \underline{?}$

6. $12 \div 1 = \underline{?}$　7. $84 \div 7 = \underline{?}$　8. $120 \div 10 = \underline{?}$　9. $24 \div 2 = \underline{?}$

10. $72 \div 12 = \underline{?}$　11. $24 \div 12 = \underline{?}$　12. $12 \div 12 = \underline{?}$　13. $132 \div 11 = \underline{?}$

14. $84 \div 12 = \underline{?}$　15. $60 \div 5 = \underline{?}$　16. $132 \div 12 = \underline{?}$　17. $60 \div 12 = \underline{?}$

18. $0 \div 12 = \underline{?}$　19. $96 \div 12 = \underline{?}$　20. $72 \div 6 = \underline{?}$　21. $36 \div 12 = \underline{?}$

真棒！那么，从现在开始，每天都要复习 12 的乘除法算式，还要动动手做一做相应的数学计算。另外，你也可以在网站 TheTimesMachine.com 上下载并打印乘法口诀表，把它贴在洗手间的镜子上。这样，你每天刷牙洗脸的时候就能顺便学习啦！当你觉得已经很熟悉这些算式的时候，可以试着用记忆卡片来检查还有哪些乘法算式需要重点记忆。没有记住的算式可以将它们制作成小卡片贴在洗手间的镜子上，直到你完全掌握它们。你可以分两部分复习 12 的乘除法算式，这一周先复习 12× 2 到 12× 6，下一周复习 12× 7 到 12× 12。你能做到的，我真为你感到骄傲！

（答案见 221 页）

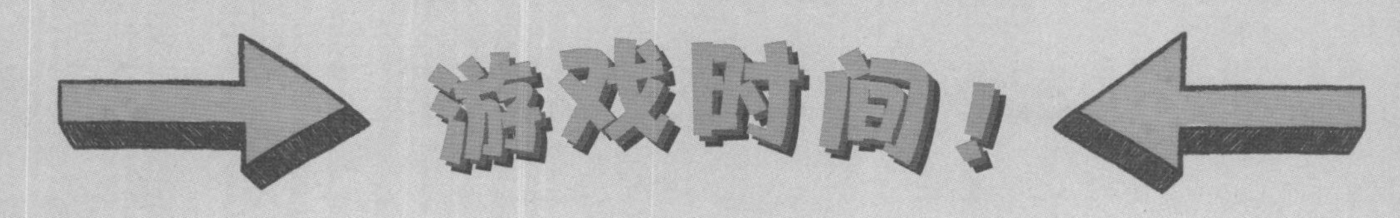

现在，你已经学习了许多乘除法算式，看看你能在 10 分钟内做出多少道题吧！你也可以在网站 TheTimesMachine.com 下载并打印本页习题进行测试。

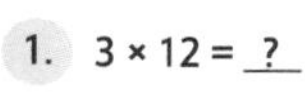

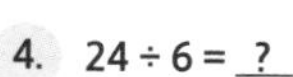
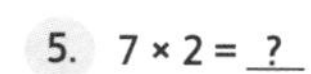

1. 3 × 12 = ?　2. 80 ÷ 8 = ?　3. 6 × 5 = ?　4. 24 ÷ 6 = ?　5. 7 × 2 = ?

6. 66 ÷ 11 = ?　7. 7 × 9 = ?　8. 81 ÷ 9 = ?　9. 6 × 7 = ?　10. 48 ÷ 4 = ?

11. 8 × 6 = ?　12. 60 ÷ 12 = ?　13. 9 × 4 = ?　14. 0 ÷ 7 = ?　15. 5 × 12 = ?

16. 54 ÷ 9 = ?　17. 8 × 4 = ?　18. 24 ÷ 12 = ?　19. 4 × 6 = ?　20. 36 ÷ 12 = ?

21. 8 × 0 = ?　22. 70 ÷ 7 = ?　23. 6 × 3 = ?　24. 18 ÷ 2 = ?　25. 12 × 10 = ?

26. 64 ÷ 8 = ?　27. 2 × 6 = ?　28. 32 ÷ 8 = ?　29. 7 × 8 = ?　30. 60 ÷ 6 = ?

31. 3 × 2 = ?　32. 18 ÷ 3 = ?　33. 7 × 5 = ?　34. 10 ÷ 5 = ?　35. 6 × 12 = ?

36. 36 ÷ 9 = ?　37. 4 × 7 = ?　38. 12 ÷ 4 = ?　39. 3 × 8 = ?　40. 88 ÷ 11 = ?

41. 7 × 3 = ?　42. 36 ÷ 9 = ?　43. 9 × 9 = ?　44. 24 ÷ 8 = ?　45. 5 × 1 = ?

46. 132 ÷ 12 = ?　47. 12 × 9 = ?　48. 35 ÷ 5 = ?　49. 2 × 2 = ?　50. 90 ÷ 10 = ?

51. 6 × 11 = ?　52. 28 ÷ 7 = ?　53. 3 × 3 = ?　54. 27 ÷ 3 = ?　55. 5 × 8 = ?

56. 45 ÷ 5 = ?　57. 8 × 8 = ?　58. 63 ÷ 7 = ?　59. 2 × 5 = ?　60. 96 ÷ 8 = ?

61. 1 × 0 = ?　62. 25 ÷ 5 = ?　63. 12 × 7 = ?　64. 30 ÷ 10 = ?　65. 3 × 5 = ?

66. 20 ÷ 5 = ?　67. 2 × 8 = ?　68. 144 ÷ 12 = ?　69. 7 × 7 = ?　70. 15 ÷ 5 = ?

71. 4 × 12 = ?　72. 50 ÷ 10 = ?　73. 10 × 11 = ?　74. 16 ÷ 8 = ?　75. 4 × 3 = ?

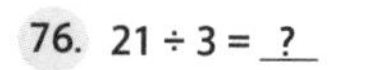

76. 21 ÷ 3 = ?　77. 5 × 5 = ?　78. 48 ÷ 8 = ?　79. 12 × 8 = ?　80. 44 ÷ 4 = ?

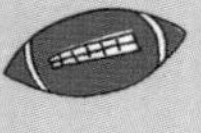

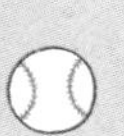

81. 7 × 1 = __?__ 82. 12 ÷ 2 = __?__ 83. 7 × 11 = __?__ 84. 48 ÷ 12 = __?__ 85. 10 × 9 = __?__

86. 8 ÷ 2 = __?__ 87. 9 × 11 = __?__ 88. 108 ÷ 9 = __?__ 89. 10 × 3 = __?__ 90. 84 ÷ 12 = __?__

91. 5 × 5 = __?__ 92. 14 ÷ 7 = __?__ 93. 6 × 1 = __?__ 94. 30 ÷ 5 = __?__ 95. 12 × 11 = __?__

96. 42 ÷ 6 = __?__ 97. 1 × 1 = __?__ 98. 56 ÷ 7 = __?__ 99. 9 × 10 = __?__ 100. 50 ÷ 5 = __?__

101. 5 × 4 = __?__ 102. 6 ÷ 1 = __?__ 103. 9 × 3 = __?__ 104. 20 ÷ 10 = __?__ 105. 8 × 9 = __?__

106. $\begin{array}{r} ? \\ 3\overline{)36} \end{array}$ 107. $\begin{array}{r} 5 \\ \times\ 2 \\ \hline ? \end{array}$ 108. $\begin{array}{r} ? \\ 6\overline{)72} \end{array}$ 109. $\begin{array}{r} 3 \\ \times\ 6 \\ \hline ? \end{array}$ 110. $\begin{array}{r} ? \\ 6\overline{)54} \end{array}$

111. $\begin{array}{r} 12 \\ \times\ 3 \\ \hline ? \end{array}$ 112. $\begin{array}{r} ? \\ 9\overline{)18} \end{array}$ 113. $\begin{array}{r} 12 \\ \times\ 12 \\ \hline ? \end{array}$ 114. $\begin{array}{r} ? \\ 10\overline{)60} \end{array}$ 115. $\begin{array}{r} 10 \\ \times\ 1 \\ \hline ? \end{array}$

116. $\begin{array}{r} ? \\ 11\overline{)99} \end{array}$ 117. $\begin{array}{r} 7 \\ \times\ 6 \\ \hline ? \end{array}$ 118. $\begin{array}{r} ? \\ 6\overline{)18} \end{array}$ 119. $\begin{array}{r} 12 \\ \times\ 5 \\ \hline ? \end{array}$ 120. $\begin{array}{r} ? \\ 9\overline{)63} \end{array}$

121. $\begin{array}{r} 6 \\ \times\ 4 \\ \hline ? \end{array}$ 122. $\begin{array}{r} ? \\ 7\overline{)77} \end{array}$ 123. $\begin{array}{r} 4 \\ \times\ 4 \\ \hline ? \end{array}$ 124. $\begin{array}{r} ? \\ 11\overline{)0} \end{array}$ 125. $\begin{array}{r} 12 \\ \times\ 1 \\ \hline ? \end{array}$

126. $\begin{array}{r} ? \\ 5\overline{)60} \end{array}$ 127. $\begin{array}{r} 5 \\ \times\ 7 \\ \hline ? \end{array}$ 128. $\begin{array}{r} ? \\ 2\overline{)10} \end{array}$ 129. $\begin{array}{r} 10 \\ \times\ 12 \\ \hline ? \end{array}$ 130. $\begin{array}{r} ? \\ 9\overline{)27} \end{array}$

131. $\begin{array}{r} 6 \\ \times\ 6 \\ \hline ? \end{array}$ 132. $\begin{array}{r} ? \\ 8\overline{)88} \end{array}$ 133. $\begin{array}{r} 4 \\ \times\ 8 \\ \hline ? \end{array}$ 134. $\begin{array}{r} ? \\ 10\overline{)70} \end{array}$ 135. $\begin{array}{r} 5 \\ \times\ 6 \\ \hline ? \end{array}$

136. $\begin{array}{r} ? \\ 6\overline{)12} \end{array}$ 137. $\begin{array}{r} 7 \\ \times\ 4 \\ \hline ? \end{array}$ 138. $\begin{array}{r} ? \\ 3\overline{)12} \end{array}$ 139. $\begin{array}{r} 12 \\ \times\ 6 \\ \hline ? \end{array}$ 140. $\begin{array}{r} ? \\ 4\overline{)32} \end{array}$

141. $\begin{array}{r} 3 \\ \times\ 4 \\ \hline ? \end{array}$ 142. $\begin{array}{r} ? \\ 5\overline{)55} \end{array}$ 143. $\begin{array}{r} 6 \\ \times\ 8 \\ \hline ? \end{array}$ 144. $\begin{array}{r} ? \\ 4\overline{)24} \end{array}$ 145. $\begin{array}{r} 8 \\ \times\ 7 \\ \hline ? \end{array}$

146. $\begin{array}{r} ? \\ 2\overline{)20} \end{array}$ 147. $\begin{array}{r} 6 \\ \times\ 2 \\ \hline ? \end{array}$ 148. $\begin{array}{r} ? \\ 12\overline{)84} \end{array}$ 149. $\begin{array}{r} 3 \\ \times\ 1 \\ \hline ? \end{array}$ 150. $\begin{array}{r} ? \\ 8\overline{)56} \end{array}$

151. $\begin{array}{r} 2 \\ \times\ 3 \\ \hline ? \end{array}$ 152. $\begin{array}{r} ? \\ 7\overline{)21} \end{array}$ 153. $\begin{array}{r} 9 \\ \times\ 12 \\ \hline ? \end{array}$ 154. $\begin{array}{r} ? \\ 3\overline{)30} \end{array}$ 155. $\begin{array}{r} 0 \\ \times\ 1 \\ \hline ? \end{array}$

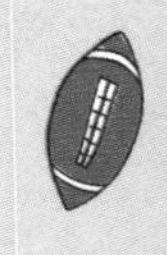

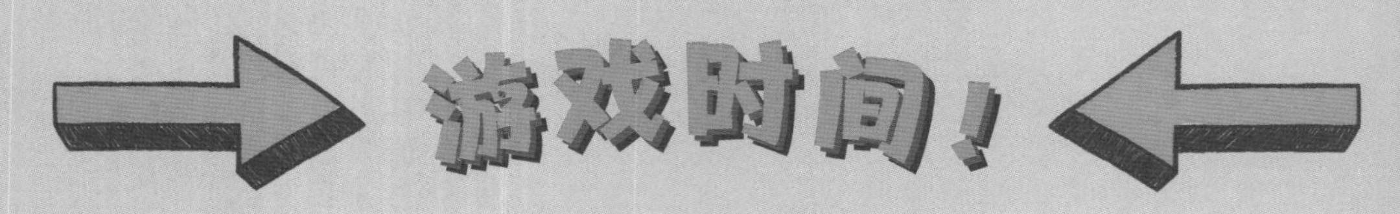

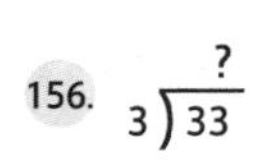
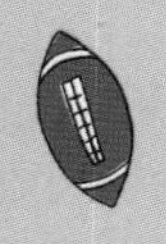

156. $\begin{array}{r}?\\ 3\overline{)33}\end{array}$	157. $\begin{array}{r}8\\ \times 3\\ \hline ?\end{array}$	158. $\begin{array}{r}?\\ 9\overline{)45}\end{array}$	159. $\begin{array}{r}11\\ \times 11\\ \hline ?\end{array}$	160. $\begin{array}{r}?\\ 7\overline{)49}\end{array}$
161. $\begin{array}{r}9\\ \times 5\\ \hline ?\end{array}$	162. $\begin{array}{r}?\\ 7\overline{)35}\end{array}$	163. $\begin{array}{r}3\\ \times 7\\ \hline ?\end{array}$	164. $\begin{array}{r}?\\ 6\overline{)48}\end{array}$	165. $\begin{array}{r}4\\ \times 9\\ \hline ?\end{array}$
166. $\begin{array}{r}?\\ 12\overline{)108}\end{array}$	167. $\begin{array}{r}7\\ \times 12\\ \hline ?\end{array}$	168. $\begin{array}{r}?\\ 3\overline{)24}\end{array}$	169. $\begin{array}{r}4\\ \times 5\\ \hline ?\end{array}$	170. $\begin{array}{r}?\\ 12\overline{)72}\end{array}$
171. $\begin{array}{r}9\\ \times 6\\ \hline ?\end{array}$	172. $\begin{array}{r}?\\ 3\overline{)15}\end{array}$	173. $\begin{array}{r}8\\ \times 2\\ \hline ?\end{array}$	174. $\begin{array}{r}?\\ 2\overline{)24}\end{array}$	175. $\begin{array}{r}2\\ \times 4\\ \hline ?\end{array}$
176. $\begin{array}{r}?\\ 3\overline{)6}\end{array}$	177. $\begin{array}{r}12\\ \times 2\\ \hline ?\end{array}$	178. $\begin{array}{r}?\\ 4\overline{)28}\end{array}$	179. $\begin{array}{r}5\\ \times 9\\ \hline ?\end{array}$	180. $\begin{array}{r}?\\ 10\overline{)110}\end{array}$
181. $\begin{array}{r}2\\ \times 7\\ \hline ?\end{array}$	182. $\begin{array}{r}?\\ 3\overline{)9}\end{array}$	183. $\begin{array}{r}?\\ 11\overline{)132}\end{array}$	184. $\begin{array}{r}?\\ 6\overline{)30}\end{array}$	185. $\begin{array}{r}8\\ \times 12\\ \hline ?\end{array}$
186. $\begin{array}{r}?\\ 2\overline{)16}\end{array}$	187. $\begin{array}{r}12\\ \times 4\\ \hline ?\end{array}$	188. $\begin{array}{r}?\\ 7\overline{)42}\end{array}$	189. $\begin{array}{r}10\\ \times 0\\ \hline ?\end{array}$	190. $\begin{array}{r}?\\ 2\overline{)14}\end{array}$
191. $\begin{array}{r}3\\ \times 9\\ \hline ?\end{array}$	192. $\begin{array}{r}?\\ 4\overline{)40}\end{array}$	193. $\begin{array}{r}8\\ \times 5\\ \hline ?\end{array}$	194. $\begin{array}{r}?\\ 4\overline{)20}\end{array}$	195. $\begin{array}{r}9\\ \times 7\\ \hline ?\end{array}$
196. $\begin{array}{r}?\\ 11\overline{)33}\end{array}$	197. $\begin{array}{r}2\\ \times 12\\ \hline ?\end{array}$	198. $\begin{array}{r}?\\ 2\overline{)22}\end{array}$	199. $\begin{array}{r}11\\ \times 12\\ \hline ?\end{array}$	200. $\begin{array}{r}?\\ 4\overline{)8}\end{array}$
201. $\begin{array}{r}5\\ \times 3\\ \hline ?\end{array}$	202. $\begin{array}{r}?\\ 4\overline{)36}\end{array}$	203. $\begin{array}{r}11\\ \times 8\\ \hline ?\end{array}$	204. $\begin{array}{r}?\\ 12\overline{)96}\end{array}$	205. $\begin{array}{r}6\\ \times 9\\ \hline ?\end{array}$
206. $\begin{array}{r}?\\ 2\overline{)6}\end{array}$	207. $\begin{array}{r}9\\ \times 8\\ \hline ?\end{array}$	208. $\begin{array}{r}?\\ 12\overline{)120}\end{array}$	209. $\begin{array}{r}10\\ \times 10\\ \hline ?\end{array}$	210. $\begin{array}{r}?\\ 11\overline{)121}\end{array}$

真棒！我们已经领略了时空穿梭机的核心科技！在你坚持练习，并牢牢记住它们的时候，你也变得越发强大了——不论是在数学中还是生活中！接下来我们就来看看，这份强大的力量可以做些什么事情吧！

第六章

乘法的舞蹈：运算顺序，数的特性以及其他数学知识！

可爱的熊猫：运算顺序

我们已经记住了乘法口诀，现在要解决一些更复杂的数学问题，比如 $9+3\times2=?$ 。或许，你会想当然地认为应当先计算 $9+3$，但这样是会得出错误的答案的。这是为什么呢？如果算式变成 $6\times(3\times10)=?$ 或者 $80\times5000=?$ ，我们就能计算出正确答案了。在解答你的疑惑之前，不如请可爱的熊猫来跳一支舞，来帮助我们了解正确的运算步骤。

我喜欢这一章的题目——“乘法的舞蹈”。
我知道，武术是很美妙，可是……
不是武术，是舞蹈。
两个词听上去不是很像吗？
是跳舞啦。

我不太明白，跳舞和数学有什么关系呢？
我对熊猫跳舞一点都不感兴趣。
它们并不是真的要跳舞啦。
哦，好吧。
要跳舞的是你们啊。
你说什么？
数字也会跟你们一起翩翩起舞！这一章中，乘法算式中的乘数可以围绕彼
跳来跳去。但是，我们要先了解它们
动的规律。时空穿梭机，我们走吧！
现在，我们来到了古代中国的山林间。
哇！熊猫吃饭的模样真是太可爱啦！
呼啦！
是的，我也这么认为！你们知道吗？熊猫每天都需要花很久来进食呢。
它们好能吃啊。
它们都吃些什么呢？
真香啊！
你看，熊猫正在吃用玉米粉、黄豆粉、面粉、钙粉和鸡蛋混合制成的饺子。它们还有苹果作为饭后甜点。
熊猫虽然主要吃竹子，但是也能吃得圆圆胖胖的。你看，可爱的熊猫是不是很像数学运算中的括号呀？在数学运算中，我们需先计算“熊猫”括号里的算式，再计算可以作为主食的乘除“饺子”，最后是甜点——加减。

运算顺序可以归纳为：先括号，再乘除，后加减。我们在计算数学算式时，必须遵守这个规则，才能得到正确答案：

1. 括号
2. 乘除（从左到右，哪个在前先做哪个）
3. 加减（从左到右，哪个在前先做哪个）

就连圆圆胖胖的熊猫都知道：先括号，再乘除，后加减！

在所有的数学算式中，我们都要先计算括号里的部分。然后，我们找到乘除法的部分，按照从左到右的顺序进行计算。最后，我们找到加减法的部分，按照从左到右的顺序进行计算。这些听上去不难，是吧？

比如，在计算 4 + 6÷2 =？时，由于算式中没有括号，所以我们先计算除法，然后再计算加法。只有按照这个顺序，我们才能得到正确答案 7。如果我们无视规则，先计算 4 + 6 的话，就会得到错误的答案 5。在下一页中我们还将进行更多的练习！

可爱的熊猫可以帮助我们记忆数学运算的正确顺序。只要一想到那圆滚滚像括号一样的模样，还有正在吃饺子和苹果的姿态，就能记住：先括号，再乘除，后加减！我们需要注意，乘法和除法不分先后，处于同等顺序，所以从左往右看，哪个在前先做哪个；加法和减法也一样。

学习笔记

等你再长大一些，就会知道数学运算中还包含指数运算。指数运算的顺序应当在括号之后、乘除法之前。

注意！

虽然我们常说乘除法，但这并不意味着我们应该先做乘法再做除法。如果在算式中同时出现了乘法和除法，谁排在前面我们就先做谁：

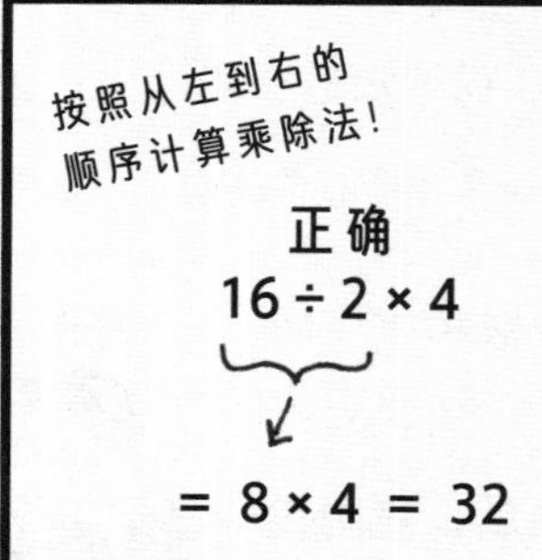

按照从左到右的
顺序计算乘除法！
正确
16 ÷ 2 × 4
= 8 × 4 = 32

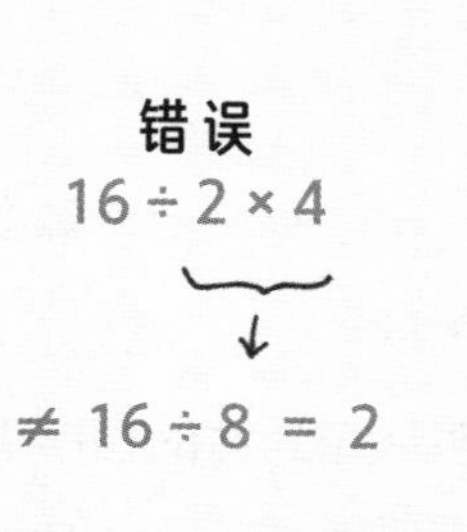

如果想要先做这个算式中的乘法，就需要添加一个括号，将算式变成：16÷（2×4）。明白我的意思了吗？

再举个例子：如果我们需要计算 $4+3\times7=?$，应该先做什么呢？想想熊猫是怎么告诉我们的。我们发现这个算式中并没有括号，只有加号和乘号，是吧？熊猫说过：先乘除，后加减。因此，我们先做 $3\times7=21$，然后再计算剩下的加号，这个简单：$4+21=25$！

$$4+3\times7$$
$$=4+21$$
$$=\mathbf{25}$$

那么，如果添加括号将算式变成：$(4+3)\times 7=?$，我们又该怎么办呢？首先，我们应当计先算括号里的加法 $4+3=7$，然后再计算括号外的乘法 $7\times 7=49$。

$$
\begin{aligned}
&(4+3)\times 7\\
&=7\times 7\\
&=\mathbf{49}
\end{aligned}
$$

哇，25 和 49 这两个数字的差别可真大呢！我们只是在算式中加入了括号，就能带来如此大的改变！

如何处理算式中的括号

当我们在算式中看见括号时，它就仿佛在说：“先做这里啦！”括号还能很好地将数字隔开。当我们完成括号中的计算后，就能丢掉它啦。怎么丢掉呢？快来瞧瞧下面这个例子：

现在，我们不再需要这个括号啦！

$$
\begin{aligned}
&(4+3)\times 7\\
&=(7)\times 7\\
&=49
\end{aligned}
$$

当括号中只剩下一个单独的数字时，我们通常可以将括号丢掉，因为这时我们不再需要这个括号了。

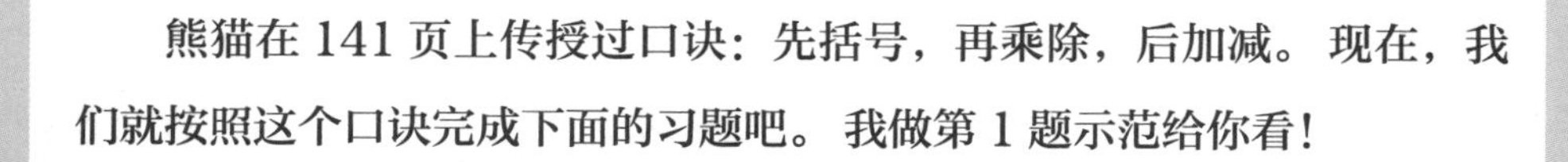

熊猫在 141 页上传授过口诀：先括号，再乘除，后加减。现在，我们就按照这个口诀完成下面的习题吧。我做第 1 题示范给你看！

1. $10 \div 2 \times (9 - 5 + 4) = ?$

一起来玩吧：哇！这道题看上去有些吓人，但熊猫的运算口诀可以指点迷津。首先，我们看见了括号，所以先计算括号里的算式：$9 - 5 + 4 = 8$。真棒！现在问题变成了 $10 \div 2 \times 8 = ?$ 注意，我已经将围在“8”身边的括号给丢掉啦！（143 页的“学习笔记”已经告诉我们可以去掉这里的括号的理由。）现在，算式变简单了许多。接下来，我们要计算算式里的乘法和除法。因为乘法和除法处于同等地位，所以我们只需要遵照从左到右的顺序计算。因为 $10 \div 2 = 5$，所以算式又变成了 5×8。再根据之前学习的乘法口诀获得答案：40。耶，完成！

答案：40

2. $(9 + 3) \times 2 = ?$

3. $9 + 3 \times 2 = ?$

4. $30 \div (3 \times 5) = ?$

5. $30 \div 3 \times 5 = ?$

6. $10 - 2 + 6 - 1 = ?$

7. $10 - (2 + 6) - 1 = ?$

8. $10 - 2 + (6 - 1) = ?$

9. $9 \times 0 + 8 = ?$

10. $9 \times (0 + 8) = ?$

11. $6 \times (4 \div 2) \times 3 = ?$

12. $6 \times 4 \div (2 \times 3) = ?$

13. $6 \times 4 \div 2 \times 3 = ?$

（答案见 221 页）

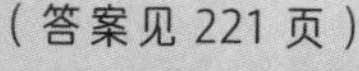

你在运算顺序上表现得真棒！现在，让我们跳支舞来庆祝一下。
哇，芭蕾舞怎么样？
或者来一支探戈舞？
其实，我们要跳的是谷仓舞！出发吧，时空穿梭机！
运行中
呼啦！
我们来到了 1925 年的美国纳什维尔市，谷仓舞——一种民间舞蹈——在这里再次盛行起来了！
哇，我好喜欢这条裙子！可是，谷仓舞该怎么跳呢？
一般来说，人群中有一个发出号令的人。他喊出指令时众人做出相应的舞蹈动作。我们可以叫他“指挥员”。
等等，“指挥员”说什么，大家就得跟着做？让我来做怎么样？大家都停止跳舞！
常见的舞蹈指令有“挽起舞伴的手臂”！
或者是“换位”！这时，你和舞伴需要听从指挥，交换位置。
甚至还有“换舞伴”这样的指令。
现在，是时候让数字们跳一场谷仓舞啦！

乘法的舞步：乘法交换律和乘法结合律

当算式中只有乘法时，数字们可以这么跳：

“换位！” 交换位置	“换舞伴！” 移动括号
$8 \times 9 = 9 \times 8$ 等号的左边和右边都拥有同样的答案：72！ 交换律并不难理解。我们学习过的乘法的基本形式就能说明这个算式是正确的。 这就是一个乘法交换律的例子。 （147 页上还有更多例子。）	$(8 \times 3) \times 2 = 8 \times (3 \times 2)$ 我们不需要移动数字，只是通过移动括号来表示不同的运算顺序。这个等式告诉我们，在计算时可以先计算 8×3： $(8 \times 3) \times 2$ $= 24 \times 2 = 48$ 也可以先计算 3×2： $8 \times (3 \times 2)$ $= 8 \times 6 = 48$ 两种运算顺序都能得到同样的答案！ 也就是说： $(8 \times 3) \times 2 = 8 \times (3 \times 2)$ 这就是一个乘法结合律的例子。 （147 页上还有更多例子。）

那些括号看上去真可爱，就像是两位舞者正弯着腰向对方表示尊敬。你觉得呢？

当然，他们之后还能交换舞伴，因为括号移动了位置。你认真听讲了吗？

现在，我们来看看这两种舞步的含义分别是什么。

乘法交换律指的是，当算式中的数字之间只有乘号时，交换数字的位置，算式的乘积不变。举个例子：

$$5\times8=8\times5$$

两边都等于 40！

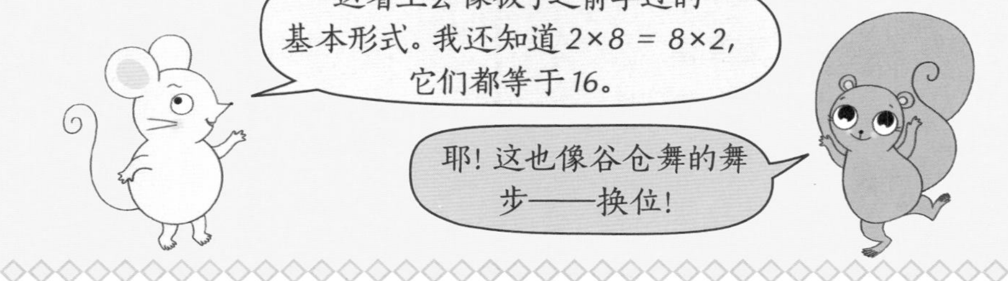

这看上去像极了之前学过的基本形式。我还知道 2×8 = 8×2，它们都等于 16。
耶！这也像谷仓舞的舞步——换位！

乘法结合律指的是，当算式中的数字之间只有乘号时，我们可以移动括号的位置而不改变算式的结果。也就是说，在这种算式中，数字之间可以任意组合，而不影响最后的乘积。举个例子：

$$5\times(2\times7)=(5\times2)\times7$$

两边都等于 70！

值得注意的是，上面粉色的算式（5×2）×7 计算起来更加容易一些，因为括号中的 5×2 = 10，而 10×7 很简单！若是按照蓝色的算式 5×（2×7），我们就得先计算 2×7 = 14，然后再计算 5×14 = 70。虽然这样也能计算出正确的结果，但相较而言更加困难一些，是吧？这也是为什么我们需要利用乘法结合律，让算式里的数字交换一下“舞伴”。

注意！

虽然我们常说乘除法，但这并不意味着我们应该先做乘法再做除法。如果在算式中同时出现了乘法和除法，谁排在前面我们就先做谁：

正确	错误
$8 \times 4 = 4 \times 8$ 乘法交换律 $(6 \times 3) \times 2 = 6 \times (3 \times 2)$ 乘法结合律	$8 \div 4 \neq 4 \div 8$ $(6 + 3) \times 2 \neq 6 + (3 \times 2)$

事实上，加法运算中也存在交换律和结合律。下列算式也都是正确的：

$3 + 4 = 4 + 3$　　$(9 + 5) + 2 = 9 + (5 + 2)$

但是，只要我们把加法和乘法混合在一起，就不能移动算式中的括号了。我们应当牢记，当算式中只有加法或者只有乘法时，数字们才可以任意调换顺序，交换“舞伴”，但都能得出正确的答案。

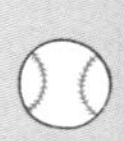

使用乘法交换律和乘法结合律，将以下算式改写成 0 到 12 的乘法算式，然后计算出答案！我做第 1 题示范给你看！

1. $(12\times3)\times4=?$

一起来玩吧：**如果按照算式的顺序，我们需要计算出 36×4。但这个算式中只包含乘法，所以可以任意移动括号的位置。我们可以试一试 $12\times(3\times4)=?$ 。括号里的 $3\times4=12$，所以算式可以写作 12×12。根据之前学习的乘法口诀表，我就能知道这道题的答案是 144！**

答案：$12\times12=144$

2. $4\times(3\times5)=?$

3. $3\times(2\times9)=?$

4. $(6\times6)\times2=?$

5. $(8\times3)\times3=?$

6. $2\times(5\times11)=?$

7. $(10\times2)\times5=?$

8. $(7\times2)\times4=?$

9. $6\times(2\times7)=?$

10. $3\times(2\times11)=?$

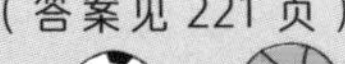
（答案见 221 页）

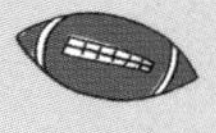

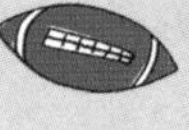

更盛大的舞蹈：乘数为几十、几百，甚至更大的乘法算式！

在第八章中，我们将利用学过的乘法算式解决更大数字的乘法问题。现在先来点简单的问题当作开胃菜，我们来瞧瞧如何计算那些乘数后面跟着许多0的乘法。我们已经知道乘10的算式很简单，只用在数字后面添加一个0来改变它的位值，就能得到答案。（想知道具体如何计算，请学习152页！）

我们可以将同样的技巧运用在乘法算式6×400中。

什么?！400？这个数也太大了吧！我可不会做。
别担心,老鼠先生！这还是我们熟悉的舞蹈，不过是数字变大了而已。

一步一个脚印：

“0 的小技巧”：如何与 10，100，1000 以及更大的数相乘？

我有一个小技巧，可以用来计算与 10，100，1000 甚至更大的数相乘！这个小技巧就是，通过添加正确数量的 0 来得到正确的答案。我来举个例子 6×400 =？

第一步：观察两个乘数的末尾共包含了几个 0。然后扔掉这些 0，先计算出乘数中除 0 以外部分的乘积。

也就是说，我们先数出 400 中包含有两个 0。然后，我们扔掉这两个 0，先计算出 6×4 = 24。

第二步：我们将刚才扔掉的 0 再捡回来。

还记得刚才扔掉的两个 0 吧，现在我们必须将这两个 0 重新添加回来，才能得到正确的答案：2400。

我再来举一个例子：80×5000 =？

第一步：扔掉 80 和 5000 末尾的四个 0，先计算 8×5 = 40。

第二步：将刚才扔掉的 4 个 0 捡回来。（注意！第一步的结果 40 中也同样包含一个 0，所以又捡回 4 个 0 后，一共有 5 个 0！）我们得到答案：400000。

答案：80×5000 = 400000

位值!

当在整数后面添加 0 时，我们实际上是在改变这个数的位值。比如，在计算 7× 10 时，我们想要将 7 的位值向前移动一位，所以我们在 7 后面添加一个 0，变成70。此时，7 这个数字从个位移动到了十位上。如果我们计算 7× 100，那么就需要将 7 的位值向前移动两位，所以我们在 7 后面添加两个 0，变成 700。这就是 151 页中运算过程的实质。

同样的道理也适用于除法运算！我们在 120 页上计算过 570÷ 10 = 57。在这个计算过程中，我们去掉 570 后面的一个 0，使得 5 从百位移动到十位上。现在，你知道数字末尾的 0 所代表的含义啦。真棒!

注意!

当遇到像 90× 801 =？这样的大数乘法算式时，我们可以先将 90 后面的 0 放一边，但绝不能将 801 中间的 0 去掉。只有在乘数末尾的 0 才能先放在一旁等待，然后再添回到乘积的末尾!

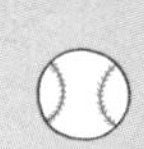

使用 151 页中学习的“0 的小技巧”来计算以下问题。我做第 1 题示范给你看!

1. $90 \times 400 = ?$

一起来玩吧：**根据“0 的小技巧”，我们首先注意到一共有 3 个 0——90 的末尾有 1 个，400 的末尾有 2 个，是吧？然后，我们先忽略这些 0，只计算 $9 \times 4 = 36$。接下来，我们需要将刚才扔掉的 3 个 0 添加回去。这样，我们就得到了最后的答案 36000。完成！**

答案：$90 \times 400 = 36000$

2. $20 \times 7 =$?
3. $4 \times 90 =$?
4. $5 \times 90 =$?
5. $3 \times 400 =$?
6. $20 \times 80 =$?
7. $8 \times 400 =$?
8. $500 \times 500 =$?
9. $600 \times 500 =$?
10. $900 \times 7000 =$?

我承认，我很喜欢数字后面的 0，这让我联想到很多很多的钱!

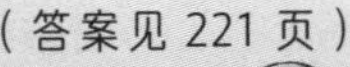
（答案见 221 页）

第七章

剩下的香蕉该怎么办？有余数的除法算式

多余的猴子和剩下的香蕉：余数！

在第四章中，我们将除法看作“平均分配”，将香蕉平均分给每一只猴子，还记得吗？但是，并不是每次都恰好能均分。比如，如果我们需要将7根香蕉分给3只猴子，该怎么分呢？

等等，你的意思是我们无法分给每只猴子相同数量的香蕉吗？
倒也不是，只是我们会剩余1根香蕉。这根香蕉就是我们今天要学习的余数。

正好可以留下给我吃。

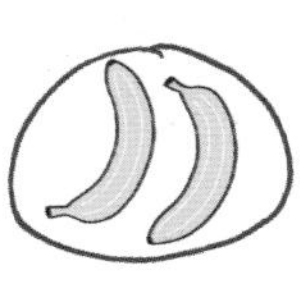

→ 余数！

$7 \div 3 = 2 \cdots\cdots 1$

余数指的是平均分配后剩余的部分。比如，7÷3＝2……1。这是因为，如果我们想要将7平均分为3份，那么每一份里是2，并且还剩余1。

我爱榆树！
我家门口就有一棵郁郁葱葱的榆树呢！

这可不是榆树，而是余数。剩余的余，数字的数。最近一直在分配香蕉，还有多余的香蕉吗，我都学饿啦。

再举一个例子：14÷3＝？。嗯……如果我们有14根香蕉，要平均分为3份，那么每一份里有几根香蕉呢？我们不能在每一份中放5根香蕉，因为这样一来我们需要15根香蕉才够：3×5＝15。而我们只有14根香蕉。所以，我猜想我们只能在每一份中放置4根香蕉．但这样一来，我们就还剩下2根香蕉，是吧？

$$14\div 3=?$$

我们将香蕉分为3组，在每份中放4根香蕉。

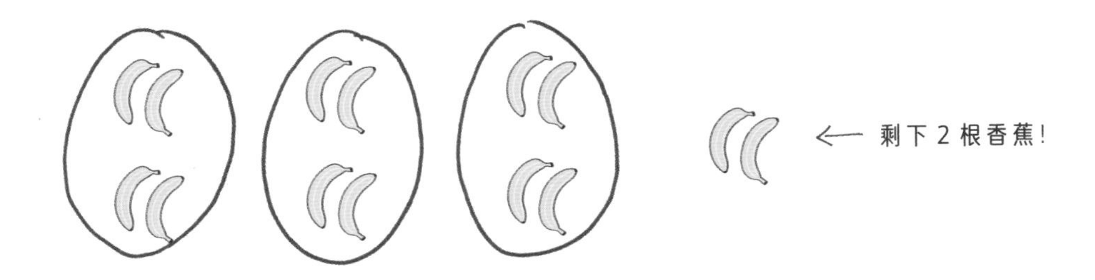

因为每份中有4根香蕉，并且剩下2根香蕉，所以我们就能得到算式：14÷3＝4……2。

我有一个记住余数的好方法，你可以把它当作剩下的食物。就像晚餐时没吃完的菜，可以留到第二天吃。
啊？还有“没吃完的菜”？
我们带老鼠先生去看看“没吃完的菜”吧！我想知道第一盘剩菜是什么时候留下的。时空穿梭机，我们出发吧！
运行中
自从人类发明电冰箱后，剩下的饭菜就很容易保存了。所以，我们现在来到了1855年的澳大利亚。詹姆斯·哈里森发明了第一台压缩制冷机。肉类冷冻厂购买了这种机器，可以储存大量的肉制品。
呼啦！
我想要台大冰箱！里面满满都是芝士！
直到1913年，冰箱才逐渐进入民众家中。不过那时的家用冰箱十分昂贵，绝大部分家庭都难以负担——甚至比汽车还要贵！
可是，开车畅游和储存食物，你认为哪个更重要？要知道民以食为天啊！
好吧。反正我们拥有冰箱之后，就能轻松存放晚餐的剩菜，留到第二天吃啦！
但是，你最好不要将香蕉存放在冰箱里。
为什么啊？
因为冰箱里的香蕉很快就会变成深棕色！

当计算 14÷3 = 4……2 这种除法算式时，我们可以想象如下图这样分配香蕉，也可以像下面这样将除法算式写成乘法算式。

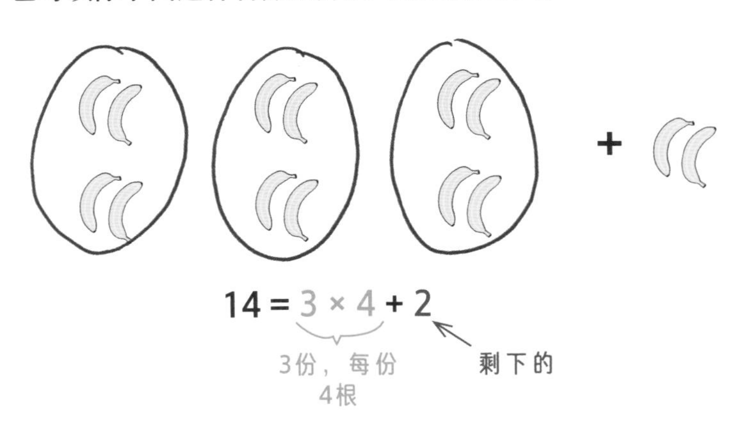

上面的图既可以表达乘法算式 14 = 3×4 + 2，也可以表达除法算式 14÷3 = 4……2。也就是说，同一幅画可以表达两种数学算式，这下明白了吗？

学习笔记

另外，因为乘法交换律告诉我们 3×4 = 4×3，所以上面关于香蕉的乘法算式也可以写作 14 = 4×3 + 2。

哇，我喜欢这些“数学语言”！我们可以用数字来讲述一个故事啦！今天我们讲的是关于剩菜的故事！
我还是更喜欢用香蕉来讲故事。
我们也不总是拿香蕉讲故事，有时也会用到小圆点。
什么？小圆点？能吃吗？

根据图画写出乘法算式，然后回答除法问题。我做第1题示范给你看！

1. 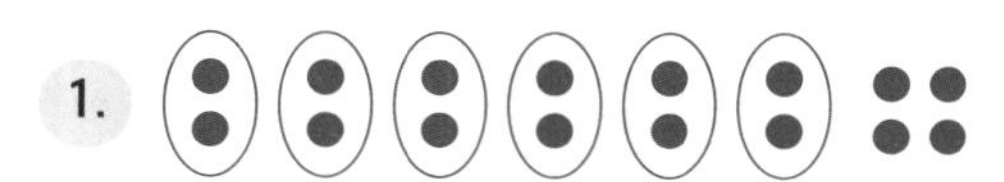

这幅图所表达的乘法算式是什么？

另外请计算：16 ÷ 6 = ?

一起来玩吧：**图里有6组，每一组里有2个小圆点。这代表着6×2，是吧？另外还剩余了4个小圆点，所以乘法算式应当是：6×2 + 4 = 16。真棒！我们再来计算16÷6。因为每一组里有2个小圆点，并且剩余了4个小圆点，也就是说：16÷6 = 2……4。完成！**

答案：6×2 + 4 = 16（或者2×6 + 4 = 16）以及16÷6 = 2……4

2. 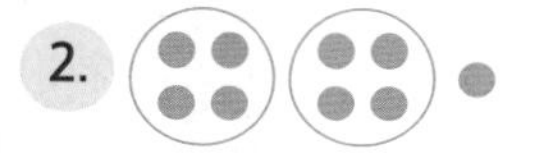

这幅图所表达的乘法算式是什么？

另外请计算：9 ÷ 2 = ?

3.

这幅图所表达的乘法算式是什么？

另外请计算：13 ÷ 3 = ?

4. 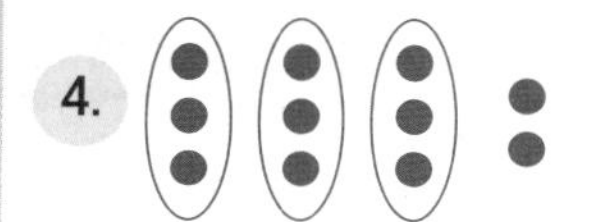

这幅图所表达的乘法算式是什么？

另外请计算：11 ÷ 3 = ?

5. 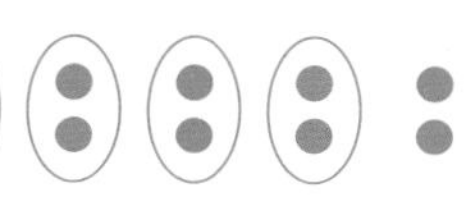

这幅图所表达的乘法算式是什么？

另外请计算：10 ÷ 4 = ?

6. 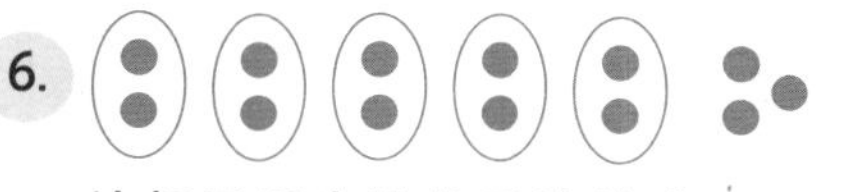

这幅图所表达的乘法算式是什么？

另外请计算：13 ÷ 5 = ?

7.

这幅图所表达的乘法算式是什么？

另外请计算：19 ÷ 6 = ?

（答案见221页）

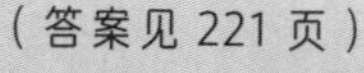

倍数：打发的奶油！数字更大的除法

在第四章中，我们已经学习了诸如 $42 \div 6 = ?$ 这样的除法算式。我们只需要在心里问自己：“6 乘多少等于 42 呢？”然后根据乘法口诀表，找到 $6 \times 7 = 42$，就能解开这些除法算式。因为，这个乘法算式意味着 $42 \div 6 = 7$。然而，如果我们遇到了乘法口诀表之外的除法问题，那又该怎么办呢？这时，我们当然需要开动脑筋想办法，不过我们依旧需要乘法口诀表——这依旧是解决问题的关键！但首先，我们不如轻松一下，来看看打发的奶油，怎么样呀？

好呀。

想象自己正在制作香蕉船圣代，上面有很多我们非常喜欢的打发的奶油。我们用勺子——大勺子或小勺子都行——将奶油一勺勺地堆积在香蕉上。奶油如果堆积太多，就会不堪重负地倒下来，但少了又不足够美味，所以我们需要知道香蕉上最多能放几勺奶油。最好的办法就是，看一看添加多少勺奶油后，这座奶油山恰好倒塌。比如，当堆放 4 勺奶油时刚好倒塌，那么我们就能知道这根香蕉上最多只能堆放 3 勺奶油。

让我们瞧瞧这根香蕉上可以堆放多少勺奶油！
啊，塌了！奶油太多了！
嗯……所以这根香蕉上最多只能放3勺奶油！
打发的奶油
打发的奶油
打发的奶油
说得不错！但这和除法有什么关系呢？
无所谓，反正有我喜欢的奶油。

在第 34 页上，我们学习了如何在乘法口诀表中找到一个数的倍数。比如，6 的倍数有 6，12，18，24，30，36，42，48……我们还可以通过“$6\times1=6$，$6\times2=12$，$6\times3=18$……”这些算式来记住 6 的倍数。现在我来告诉你们，如何用倍数（也就是打发的奶油）来计算带有余数的除法算式。

×	1	2	3	4	5	6	7	8	9	10	11	12
1	**1**	2	3	4	5	6	7	8	9	10	11	12
2	2	**4**	6	8	10	12	14	16	18	20	22	24
3	3	6	**9**	12	15	18	21	24	27	30	33	36
4	4	8	12	**16**	20	24	28	32	36	40	44	48
5	5	10	15	20	**25**	30	35	40	45	50	55	60
6	6	12	18	24	30	**36**	42	48	54	60	66	72
7	7	14	21	28	35	42	**49**	56	63	70	77	84
8	8	16	24	32	40	48	56	**64**	72	80	88	96
9	9	18	27	36	45	54	63	72	**81**	90	99	108
10	10	20	30	40	50	60	70	80	90	**100**	110	120
11	11	22	33	44	55	66	77	88	99	110	**121**	132
12	12	24	36	48	60	72	84	96	108	120	132	**144**

我们来算算 $29\div6=?$ 这道题。先问自己“29 包含多少倍的 6 呢？”或者“29 里面能放下多少个 6 呢？”我们来看看 6 的倍数中有哪些与 29 相近，并找出那个比 29 小的最大的 6 的倍数。我们来瞧一瞧，$6\times3=18$ 以及 $6\times4=24$。似乎 24 已经离 29 足够近了！但是，24 真的是比 29 小的最大的 6 的倍数吗？嗯……那我们再来试一试 $6\times5=30$。哎呀！30 比 29 大，6 的个数太多了，29 里放不下！我们还是用 4 勺奶油吧：$6\times4=24$。

我们来看看多少个6
合适！
哎呀！6的个数
太多了！
啊……所以这里最多能
放下4个6！
打发的
奶油
29

需要注意的是，因为 $4\times6=24$，但是 29 这个香蕉船上还空余了一些位置。（这些位置不够一整勺“6”！）因为 $29-24=5$，香蕉船上还能放一个 5。这样我们就能得到 $29\div6=4$……5。

注意！

余数必须小于除数，否则就说明我们找错了倍数！比如，在计算 $65 \div 7 = ?$ 时，我们可能有以下两种计算方式：

错误	正确
$65 \div 7 = ?$ 让我们来看看7的倍数有哪些吧：$7 \times 7 = 49$，$7 \times 8 = 56$。啊，56很接近65呀，又比65小，所以不用再往下看了，56就是合适的倍数，肯定没错。因为 $7 \times 8 = 56$，也就是说65里能放下8个7。那余数是多少呢？$65 - 56 = 9$。 $65 \div 7 = 8 \cdots\cdots 9$ 错误！ 余数不能比除数大，这意味着被除数中还能放下更多的7！	$65 \div 7 = ?$ 让我们来看看65相近的7的倍数有哪些吧：$7 \times 7 = 49$，$7 \times 8 = 56$，$7 \times 9 = 63$，$7 \times 10 = 70$。啊，70太大了（奶油塔倒塌了），所以63是正确的倍数。因为 $7 \times 9 = 63$，也就是说65里能放下9个7。那余数是多少呢？$65 - 63 = 2$。 正确答案： $65 \div 7 = 9 \cdots\cdots 2$

我们需要把与被除数相近的除数的倍数都试一试，直到遇到刚刚大过被除数的除数的倍数时，才能确定自己没有遗漏！

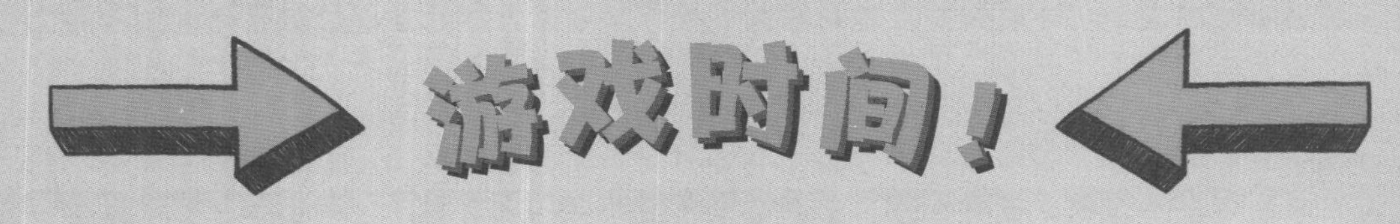

计算一下这些有余数的除法算式。我做第1题示范给你看！

1. $77 \div 12 =$ ___?___

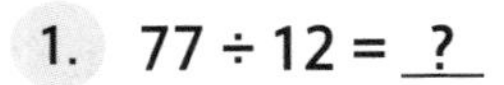

一起来玩吧：那么，“77包含多少倍的12呢？”或者说“77里能放下多少个12呢？”为了得到答案，我们来列举比77小的12的倍数。$12\times5=60$，$12\times6=72$，$12\times7=84$。哎呀！84太大了（我们放了太多个12啦），也就是说6刚好合适：$12\times6=72$。真棒！所以，72里最多能放下6个12，那么余下多少呢？$77-72=5$，所以还剩下5，这也是我们需要的余数。完成！

答案：$77\div12=6\cdots\cdots5$

2. $24 \div 5 =$ ___?___
3. $19 \div 3 =$ ___?___
4. $27 \div 4 =$ ___?___
5. $37 \div 9 =$ ___?___
6. $75 \div 8 =$ ___?___
7. $35 \div 3 =$ ___?___
8. $44 \div 6 =$ ___?___
9. $53 \div 7 =$ ___?___
10. $32 \div 5 =$ ___?___
11. $41 \div 10 =$ ___?___
12. $87 \div 8 =$ ___?___
13. $62 \div 5 =$ ___?___

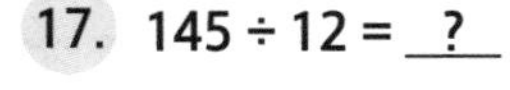

14. $89 \div 11 =$ ___?___
15. $26 \div 9 =$ ___?___
16. $52 \div 6 =$ ___?___
17. $145 \div 12 =$ ___?___

（答案见221页）

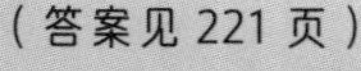

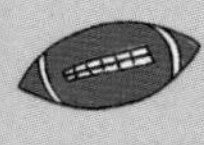

第八章

更多贝果和牛仔小猫咪：多位数乘法

到目前为止，我们已经练习了许多从 0 到 12 的乘法算式题，现在我们来看看如何计算更大的数的乘法算式吧。

哎呀！我是为了贝果来的，我可不想再学什么新知识。
实际上，这也不算是新知识。你都能计算 12 的乘法了，12 也是个挺大的数啊！

贝果归来：分配律

我们已经在 41 页上接触到分配律了，知道分配律可以将乘法中的一个大数变为两个比较小的数，从而让计算更简单，并把这一方法运用在 12 的乘法算式中。我们在 129 页上计算 12× 7 时，用假想的榔头或像切开贝果一样将 12 拆分成两份。而现在，我们还知道可以将 12× 7 交换位置变成 7× 12。另外，我还将告诉你如何在算式中使用括号。

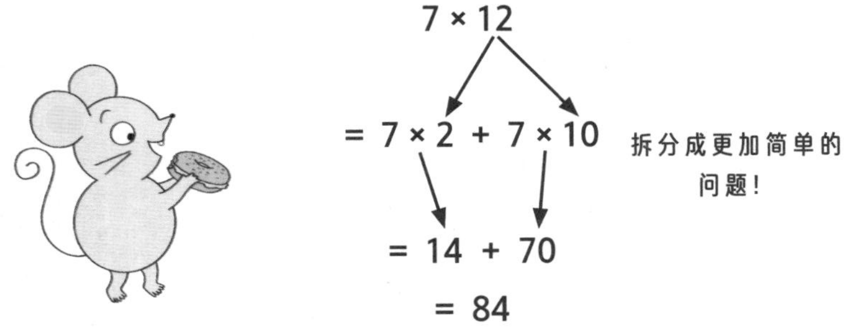

在使用分配律时，当算式中有比较大的数字时，我们可以增加一个步骤，让计算变得更加清晰。我们还是拿 7×12 举例。这次切分贝果（12）时，我们将贝果留在原地，并用括号围起来：

$$7 \times 12 = 7 \times (10 + 2)$$

我们只需要将 12 改写成 $10 + 2$，对吧？但现在括号变得很重要，因为，如果没有括号，那么算式中的“+ 2”就不属于乘法的一部分了！能跟上我的节奏吗？真棒！现在，我们来看看这个算式，你可以想象 7 就是蜂蜜，需要分别涂抹在切开后的 12 上：

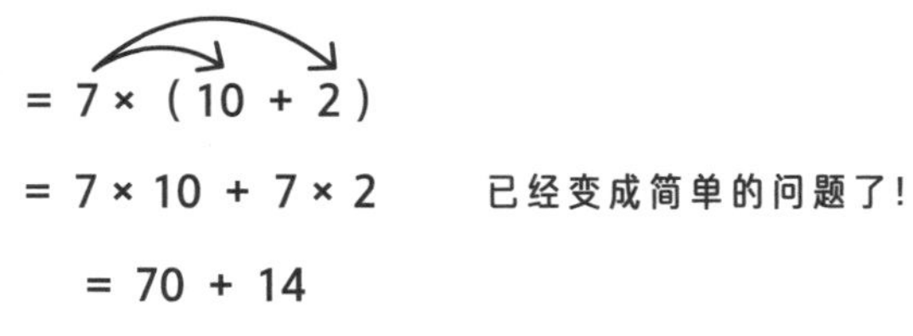

这就是为什么我们称它为分配律的原因吗？因为，括号外的数字需要分配给括号里面的每一个数字？

没错！你对分配这个词的理解非常透彻！

零食？我也想和你打棒球。

那当然！每次和朋友们比赛棒球后，爸妈都会将带来的零食分发给每个小球员，一个都不会落下。这就和分配律一个意思。

我们使用乘法分配律时，需要确认括号里的是加号而不能是乘号。比如，如果算式是 5×（10×3）的话，我们只用挨个计算乘法就行啦，因为这里没有被切开的数字。

正确 （我们不需要使用分配律！因为算式里只有乘法。）	错误 （注意，我们不能在这样的算式中使用分配律！）	正确 （注意看，这道题和前面的题不一样，我们可以使用分配律。）
$5\times(10\times3)=?$ $=5\times(30)$ $=5\times30$ $=150$	$5\times(10\times3)=?$ 这是错误的！ $=5\times(10\times3)$ $=5\times10+5\times3$ $=50+15$ $=65$ 啊？ 算错啦！	$5\times13=?$ $=5\times(10+3)$ $=5\times10+5\times3$ $=50+15$ $=65$

这很合理！如果算式里只有乘法，并且也不需要将乘数切分开来用加号连接，那么我们也就不需要分配什么数字了。

松鼠小姐，你说得很有道理！

学习笔记

书中提到的分配律全称是乘法分配律。我们应当记住：如果括号中没有加号，我们就无法进行分配！

伸懒腰的猫咪和展开式

你见过猫咪伸懒腰吗？
等等，你要干吗？
哇，我爱猫咪！很久之前的人们曾经崇拜过猫咪，你知道吗？
我并不想知道！
那是在古埃及时期吧？时空穿梭机，我们出发吧！
运行中
这里是公元前525年的古埃及，波斯国王用奇计在与古埃及的战争中获胜。波斯国王知道，古埃及人十分崇拜猫咪，所以他命令波斯士兵们带着猫咪上战场。埃及人不愿意伤害猫咪，因此波斯赢得了战争！
呼啦！
猫咪就像王室成员一般尊贵，还帮助波斯赢了战争。真神奇！
猫咪还可以帮助我们学习数字的展开式。
古埃及人崇拜猫，我可不敢想象他们会如何看待老鼠。
猫可是会吃老鼠的。
快带我离开这儿！

猫咪很可爱，不是吗？而且，它们伸懒腰的时候也可爱。你瞧瞧，现在它还是只小小的猫咪，但下一秒钟就变成长长的一“条”猫啦。猫咪还是那只猫咪，但是变长了许多！我们也可以让数字变长，这种变长的数字就叫作展开式。其实我们之前已经接触过展开式了，现在就来复习一下吧。

将数字写成展开式，意味着将数字的每一个数位都分别展示出来。比如：

28 的展开式是 20 + 8。

63 的展开式是 60 + 3。

425 的展开式是 400 + 20 + 5。

这些都是同样的数字，但是数字一伸懒腰就变长啦！

标准式： 一只正常站立的猫咪。	展开式： 这只猫咪正在伸懒腰！
425	400 + 20 + 5

阅读《千万不要打开这本数学书 加减法》的 104 页，可以了解更多相关知识。

那么，这些知识和乘法计算又有什么关系呢？当我们使用乘法分配律时，这些知识可以帮助我们将数字切分，进而变成展开式。让我们以 $3 \times 24 = ?$ 举例。这道题看上去似乎很困难，但其实不然。我们将先使用展开式，然后再使用乘法分配律，就像我们在164页上计算 7×12 时那样。我们开始吧！

$$3 \times 24$$

$$= 3 \times (20 + 4)$$ 我们把24写成展开式！

$$= 3 \times (20 + 4)$$ 我们使用乘法分配律！

$$= 3 \times 20 + 3 \times 4$$

$$= 60 + 12$$

$$= 72$$

许多这样的算式中都含有比较大的数（比如下一页“游戏时间”中的第1题），需要把它们切分成几个小一些的数字。如果你想要复习加法算式，可以阅读《千万不要打开这本数学书 加减法》的第九章。老鼠先生会很乐意在那儿等你。

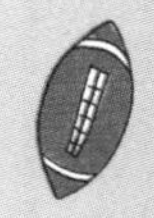

请计算以下乘法算式。先将问题中的数字写成展开式，再使用乘法分配律，计算更加简单的乘法，然后将它们的乘积相加得到最后的答案。我做第 1 题示范给你看！

1. $8 \times 239 = \underline{?}$

一起来玩吧：**哇，这道题看上去太难了，但我要迎难而上。我们先将 239 写成展开式：8 ×（200 + 30 + 9）= ？。然后，我们使用乘法分配律将 8 分配给 200，30 和 9：**

$$= 8 \times (200 + 30 + 9)$$

乘法分配律！

$$= 8 \times 200 + 8 \times 30 + 8 \times 9$$

现在，我们来解决这些“更简单”的乘法：首先，我们来计算 8 × 200。因为 8 × 2 = 16，所以 8 × 200 = 1600（见 151 页）。然后计算 8 × 30 = 240，8 × 9 = 72。我们再将这些乘积相加：1600 + 240 + 72 = 1912。

$$\begin{array}{r} \scriptsize{1} \\ 1600 \\ 240 \\ +\ \ 72 \\ \hline 1912 \end{array}$$

所以，这道题的答案就是 1912。完成！

答案：8 × 239 = 1912

2. $3 \times 46 = \underline{?}$　　3. $5 \times 19 = \underline{?}$　　4. $4 \times 63 = \underline{?}$

5. $2 \times 89 = \underline{?}$　　6. $7 \times 26 = \underline{?}$　　7. $6 \times 82 = \underline{?}$

8. $8 \times 88 = \underline{?}$　　9. $4 \times 235 = \underline{?}$　　10. $3 \times 412 = \underline{?}$

（答案见 221 页）

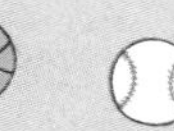

漂亮的图画：面积模型和带状图

我们来看看乘法算式中的一些展开式（猫咪伸懒腰）。你也许会在课堂上看见类似的算式！我现在将用三种方式为你展示 5×26 这个算式。我们将从 26 的展开式 20 + 6 出发，再使用乘法分配律来计算结果。

圆点阵列

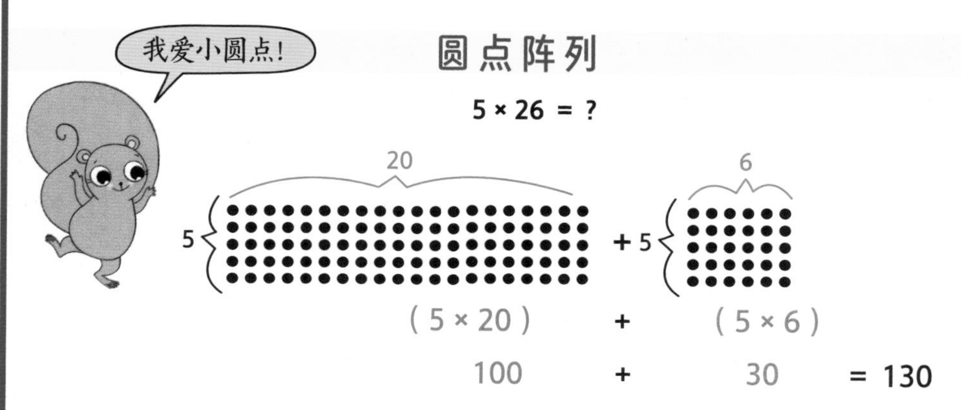

这种方法可能会让你想起在 41 页上切分过的贝果！

面积模型

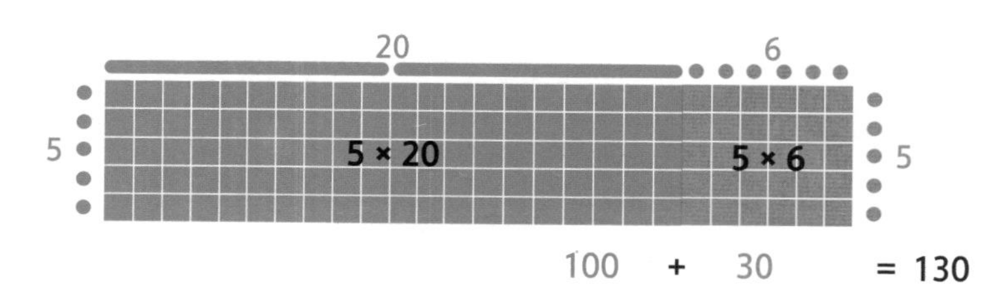

这种方法可能会让你想起在 43 页上的小榔头！但注意，这次的长方形里面布满了网格，可以用来表示面积。我们将在第九章中学习更多关于面积模型的问题。

带状图：只能展示粗略数据，而且不太美观！

5 × 26 = ?

20 6

5 | 100 | 30

100 + 30 = 130

这张草图只能粗略地表示出我们将乘法算式分为了两部分。你可能会在做家庭作业时用到这样的草图！

猫咪的小小懒腰：部分乘积

有时候猫咪会伸半个懒腰，你瞧，它的背只弯了一点。不仔细看还不知道它在伸懒腰呢！

真可爱，
猫咪在悄悄地伸
懒腰呢。
这看起来真
恐怖！

猫咪的懒腰不总是那么长，我们在计算乘法时也不总是写下长长的展开式——特别是当数字很大的时候。我们会将数字写成正常的模样，然后将乘数竖着排列，也能轻松得出答案。我们马上就会学到这种方法。

即便不将数字写成展开式，我们也能按照展开式的方式进行乘法运算。就像虽然看不出猫咪在舒展四肢，但它确实悄悄地伸了个小懒腰。我们通常称这种方法为部分乘积法。取这个名字是因为，我们需要用一个乘数分别乘另一个乘数的各个部分。一起来试试这道题：

$$\begin{array}{r} 79 \\ \times\ 6 \\ \hline \end{array}$$

哇，这看上去挺难，但是我们能解开的！首先要注意的是，数字79的个位——数字9——应当位于6的正上方。我们在运算中，需要将各个数字按照正确的位置整齐地排列起来！

我们将用6来分别乘79的两个部分：首先，我们用6乘9，写下答案54，然后我们再用6乘70（注意，这一部分是70，而不只是“7”）。因为6×70 = 420，所以我们将420写在下方，再将两个部分乘积相加，得到最终答案：54 + 420 = 474。完成！

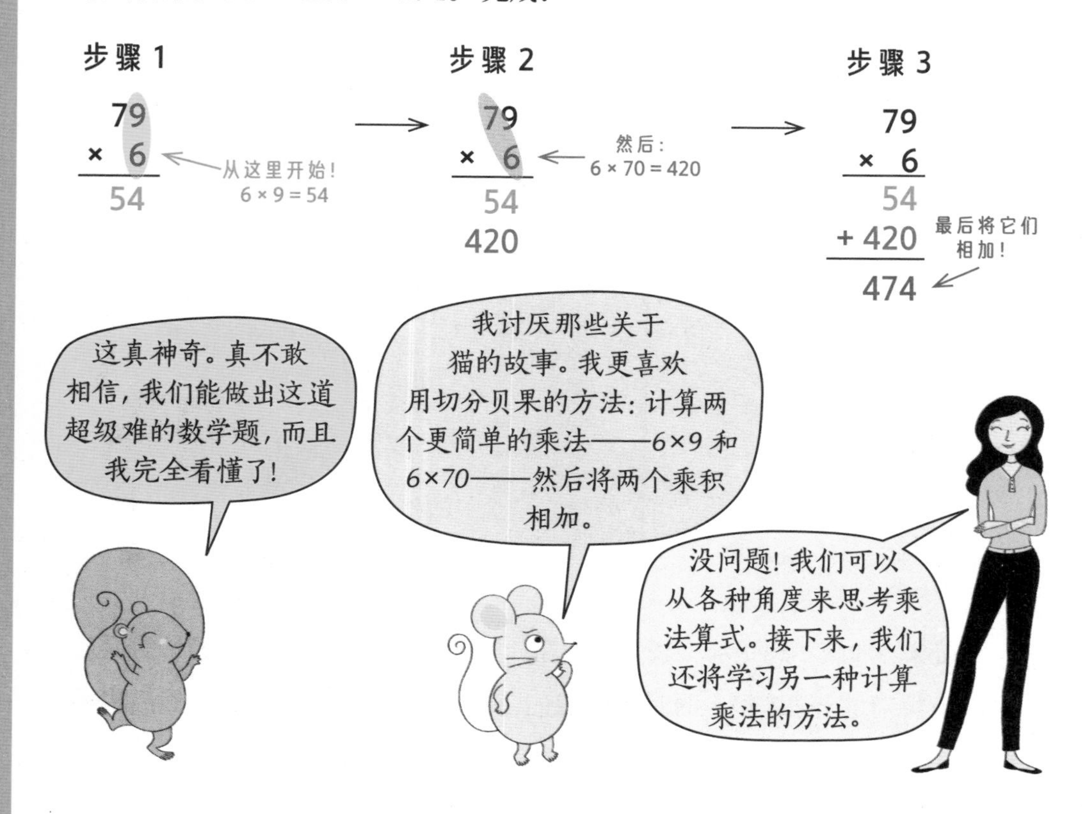

步骤 1
79
× 6
54
从这里开始！
6 × 9 = 54
步骤 2
79
× 6
54
420
然后：
6 × 70 = 420
步骤 3
79
× 6
54
+ 420
474
最后将它们相加！
这真神奇。真不敢相信，我们能做出这道超级难的数学题，而且我完全看懂了！
我讨厌那些关于猫的故事。我更喜欢用切分贝果的方法：计算两个更简单的乘法——6×9 和 6×70——然后将两个乘积相加。
没问题！我们可以从各种角度来思考乘法算式。接下来，我们还将学习另一种计算乘法的方法。

注意！

在（猫咪的小小懒腰）部分乘积法中，我们必须要注意数的位值。比如，在刚刚做过的那道算式中，当计算 6 乘“7”时，我们实际上需要计算 6×70。我们必须记得这一点，才能得到正确答案 420。

部分乘积法（猫咪的小小懒腰）能够直观地让我们看到发生了什么，但关于位值很难搞清楚，这里有一种方法来帮你解决位值的问题！

牛仔猫咪的套马绳：传统方法

在 172 页猫咪的小小懒腰（部分乘积）方法中，即便没有将乘数写作展开式，我们也依旧用展开式的方式进行运算。最后，我们还需要将两部分的乘积相加：54 + 420 = 474。然而，我接下来要告诉你一个新方法，这个方法可以帮助我们减少最后一个步骤。也就是说，这一次猫咪彻底不伸懒腰啦。在这个新方法中，我们的小猫咪将变身为一只牛仔猫咪。

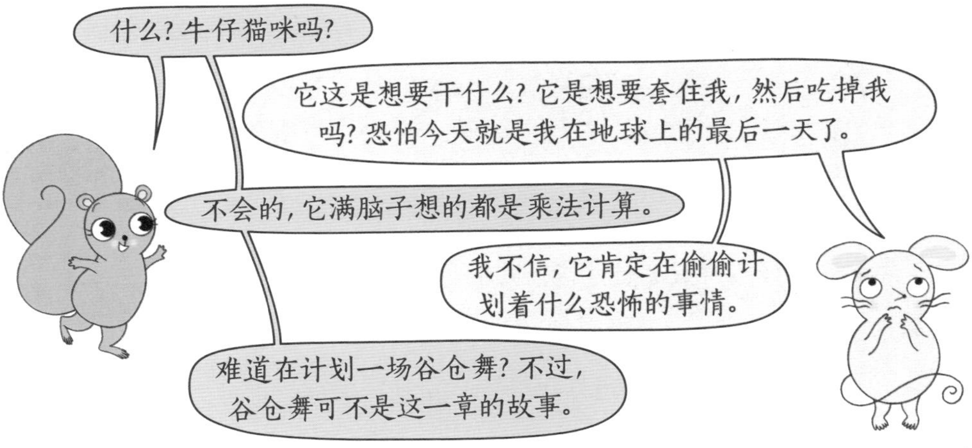

什么？牛仔猫咪吗？
它这是想要干什么？它是想要套住我，然后吃掉我吗？恐怕今天就是我在地球上的最后一天了。
不会的，它满脑子想的都是乘法计算。
我不信，它肯定在偷偷计划着什么恐怖的事情。
难道在计划一场谷仓舞？不过，谷仓舞可不是这一章的故事。

牛仔猫咪可不简单，它能用套绳套住乘数中的数字，然后快速得到答案！比如，在 26×3 的竖式计算中，我们可以将 3 想象为站在草原上的牛仔猫咪。它高高地旋转起套绳，准备依次套住 26 的每一个数位。牛仔猫咪总是先从个位数下手。你看，它把绳子往外一抛就套住了数字 6。这时，我们得到 3×6 = 18。

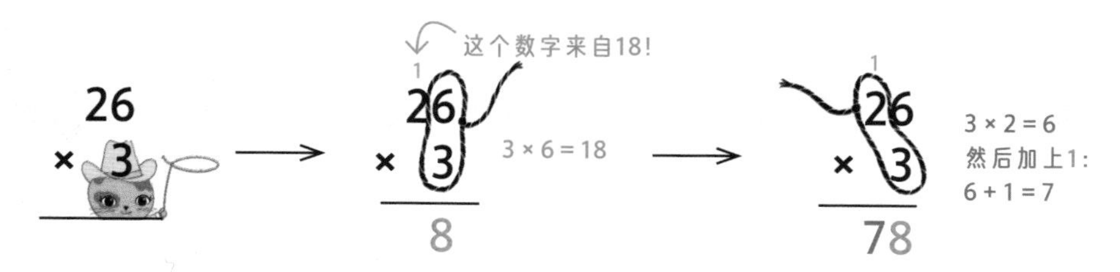

在使用部分乘积法时，我们应当将 18 完整地写在横线下方。然而牛仔猫咪可没这么空闲，我们只需将 8 写在横线下方，并且将 1“进位”到十位这一列的上方。这种方法类似于我们学过的加法进位（《千万不要打开这本数学书 加减法》121 页）。由于这个 1 的实质其实是“10”，所以它应当归属于十位这一列！接下来，牛仔猫咪“3”又扬起了套绳，套住了 26 中的“2”，于是我们得到 3×2 = 6。但别忘记，我们还需要加上那个进位的 1，6 + 1 = 7。因此，我们的最终答案是 26×3 = 78。真棒！

下面，我们来看看牛仔猫咪如何使用传统竖式法计算 172 页上的问题：79×6。它快速地套住乘数的每一个数位，并结合最上方的进位数字，得到最终的答案！我们将数字 6 想象为牛仔猫咪。首先套住 9，得到 6×9 = 54，然后将 4 写在横线下方，并将 5 进位到十位这一列的上方。

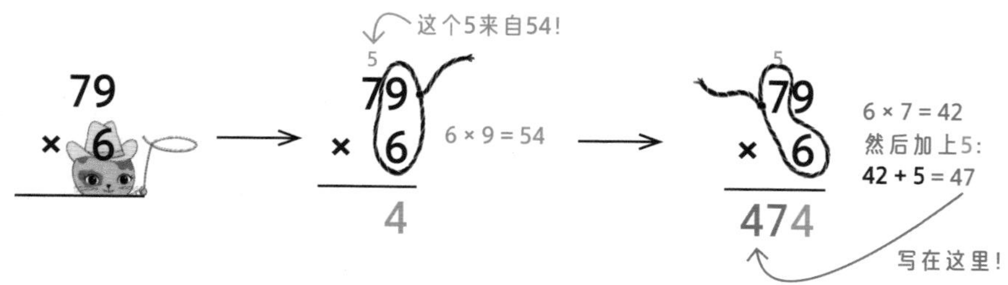

然后，牛仔猫咪又套住了 7，我们得到 6×7 = 42。但是，我们需要再加上刚才进位的 5，最终得到 42 + 5 = 47。我们将 47 写在下方得到 474，这道题就完成啦：79×6 = 474！

当熟练掌握牛仔猫咪的传统竖式法后，你会发现大部分运算过程都可以在大脑中进行，你不再需要画出套绳就能计算出答案。竖式计算应当像右边那样：

$$\begin{array}{r} {}^{5}\\ 79 \\ \times\ \ 6 \\ \hline 474 \end{array}$$

牛仔猫咪也为你感到骄傲。

等等，我必须用紫色的笔来写数学作业吗？
哇，是紫色耶！你知道吗？在很久以前的波斯、古罗马和古埃及等地，紫色染料十分昂贵，只有皇家贵族才能负担起紫色的华服。那时候，需要消耗上千只软体动物才能提取一小滴紫色染料！
软体动物？就像蜗牛那种？我可不愿意穿那些衣服。
其实并不一定要紫色。我只是为了突出竖式计算中的答案，才选用了紫色。
达妮卡，我很喜欢紫色，就这么写吧。

做个小游戏，看看如何用带状图计算同样的问题：6×79 =？。我们先将 79 写成伸懒腰的猫咪那样的展开式：70 + 9，然后画出带状图，并将各个长方形分别相乘（6×70 = 420，6×9 = 54），最后再相加！

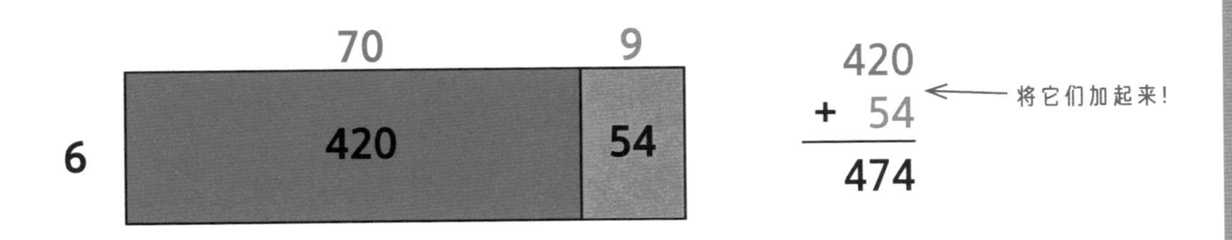

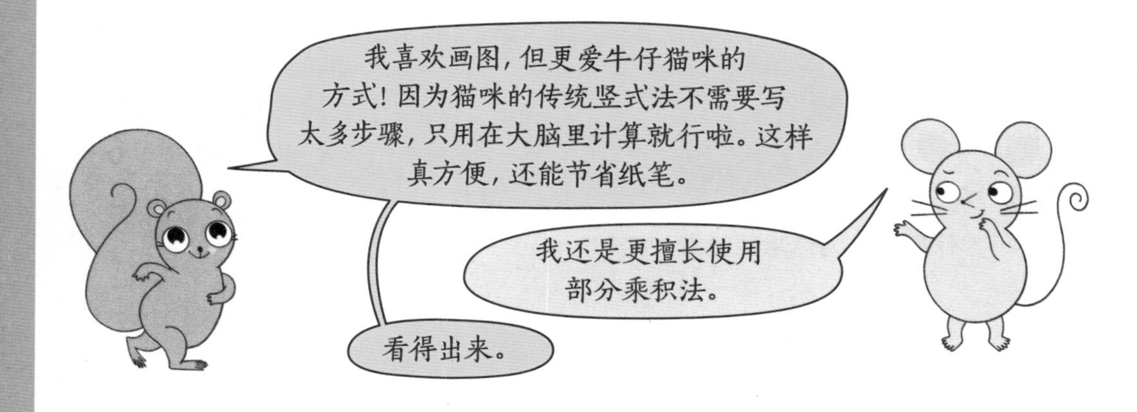

我喜欢画图，但更爱牛仔猫咪的方式！因为猫咪的传统竖式法不需要写太多步骤，只用在大脑里计算就行啦。这样真方便，还能节省纸笔。
我还是更擅长使用部分乘积法。
看得出来。

为什么“0 的小技巧”行得通

“0 的小技巧”告诉我们，计算任意整数乘 10 时，我们只需要在这个数后面添加一个 0 就能得到答案。如果我们不知道这个技巧，也能用牛仔猫咪的方法来得到正确的答案！我们来计算 4×10 以及 150 页上出现过的题目 6×400：

先来看第 1 题。牛仔猫咪抛出套绳来计算 4×0 = 0。所以我们先写下 0。然后，我们发现没有需要进位的数，也就是说 1 的头顶上不用写任何数了。接下来，猫咪又套住 4 和 1，得到算式 4×1 = 4。此时，我们需要将 4 写在十位上，得到答案 40。第二个问题也是同样的方法——在套住 0 的时候，总是得到 0 作为答案。你也来试一试吧！

因此，无论使用牛仔猫咪竖式法或者是 151 页上的“0 的小技巧”，我们的计算过程总是通过在非 0 整数后面添加 0，来将这个整数放在正确的数位上。（多读几遍，直到理解其中的含义。你真棒！）

我们已经学习了许多种计算乘法的方法，请选择你最喜欢的方法！

练习以下乘法算式。你可以使用 170 页上的图画法、172 页上的部分乘积法或者 173 页上的传统竖式法（牛仔猫咪法）。我做第 1 题示范给你看！

1. 584 × 3 = ＿?＿

一起来玩吧：深呼吸，我们可以做出来的！这次，我们用部分乘积法来计算。首先，将数字上下排列好。然后，像在 172 页上学过的那样，确认每一个数字的位值。接着，就可以开始用部分乘积法来计算了：3 × 4 = 12，以及 3 × 80 = 240，将结果依次写在横线下方。接下来计算 3 乘“5”——实际上是 500，因为这个 5 位于百位上——得到 3 × 500 = 1500。我们将这个结果写在下面，再将 3 个乘积相加得到 1752。你可以到 178 页，看看如何用图画法和传统竖式法解决这道题！

$$
\begin{array}{r}
584 \\
\times \quad 3 \\
\hline
12 \\
240 \\
1500 \\
\\
12 \\
240 \\
+\ 1500 \\
\hline
1752
\end{array}
$$

答案：584 × 3 = 1752

2. 32 × 4 = ＿?＿	3. 51 × 8 = ＿?＿	4. 77 × 7 = ＿?＿
5. 68 × 3 = ＿?＿	6. 99 × 2 = ＿?＿	7. 22 × 9 = ＿?＿
8. 345 × 2 = ＿?＿	9. 411 × 6 = ＿?＿	10. 123 × 5 = ＿?＿
11. 389 × 8 = ＿?＿	12. 103 × 4 = ＿?＿ （提示：见179页）	13. 505 × 5 = ＿?＿ （提示：见179页）

（答案见 221 页）

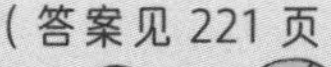

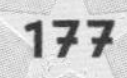

你有多喜欢伸懒腰呢？

有多种解题方法总是一件好事，对吧？现在我们就来瞧一瞧，如何使用带状图和传统竖式法解决 177 页上的第 1 题。这道题中可是包含一个三位数呢。

带状图法

在 584×3 =？中，我们先写出 584 的展开式，500 + 80 + 4，再画出带状图，然后计算每个长方形的乘积，再将结果相加！

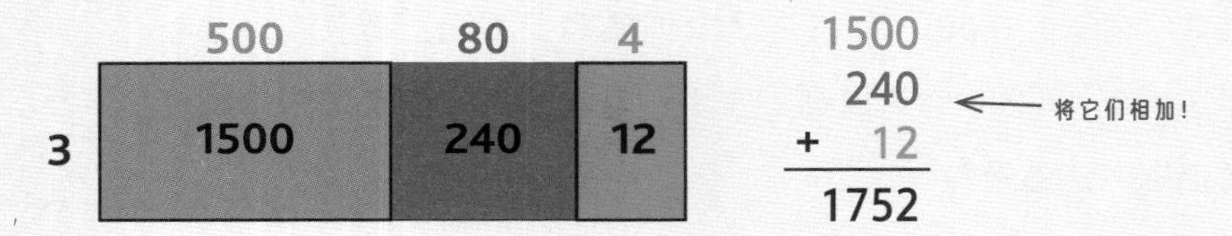

牛仔猫咪的传统竖式法

因为这是一个三位数，为了清晰地表示计算过程，我将牛仔猫咪的套绳用不同颜色的虚线画出来了。

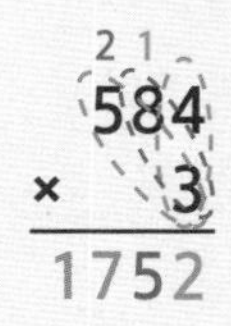

刚开始做题时，你可以选择自己最喜欢的方法。但等熟练之后，你依旧需要掌握其他方法。我相信你一定行！

数字中间的 0 怎么办？

有时，我们会在有三个数位或更多数位的乘数的中间发现“0”的踪迹。不必担心，这只会让计算变得更加简单！

来试试 $3 \times 609 = ?$。首先我们将 609 写成展开式：$600 + 9$，接着画出带状图，然后计算每个长方形的乘积（$3 \times 600 = 1800$，$3 \times 9 = 27$），最后将结果相加！

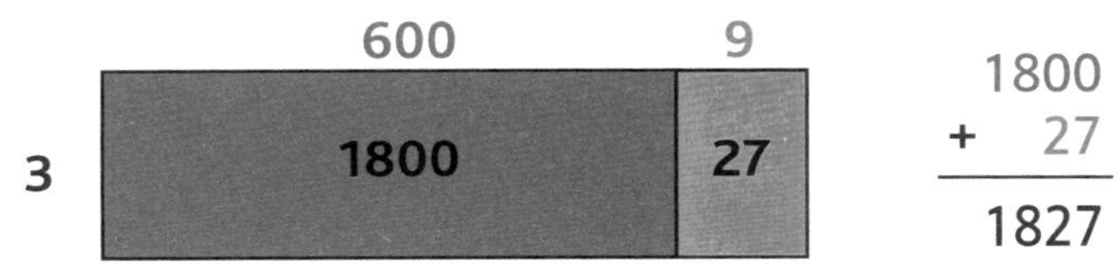

采用部分乘积法的过程如下：

$$
\begin{array}{r} 609 \\ \times \quad 3 \\ \hline 27 \end{array}
\longrightarrow
\begin{array}{r} 609 \\ \times \quad 3 \\ \hline 27 \\ 0 \end{array}
\longrightarrow
\begin{array}{r} 609 \\ \times \quad 3 \\ \hline 27 \\ 0 \\ 1800 \end{array}
\qquad
\begin{array}{r} 27 \\ 0 \\ +\ 1800 \\ \hline 1827 \end{array}
$$

将它们相加！

发现了吗？如果乘数中间包含“0”，那么最后相加的数就会变少，计算过程也就变得更简单！接下来，我将展示如何使用传统竖式法（牛仔猫咪法）来计算这道题。这次我会将猫咪的套绳隐藏起来。

$$
\begin{array}{r} {\scriptstyle 2}\ \ \\ 609 \\ \times \quad 3 \\ \hline 1827 \end{array}
$$

如果你不喜欢传统竖式法，现阶段也可以使用部分乘积法和带状图法来计算多位数乘法。

第九章

巧克力和方块分割：面积法和两位数乘法

大块巧克力板：面积！

在这一章中，我们将学习如何计算像 19×24 这样的两位数乘法。但首先，我们来聊一聊美味的巧克力……以及面积。

假设我们有一堆巧克力豆，并将它们排列成阵列。如果这个巧克力豆阵列有 4 行 6 列，我们就能算出这个阵列里一共有 24 颗巧克力豆，对吧？同样的道理，如果我们有一大块由小方块组成的巧克力板，上面有 4 行 6 列，我们就能得知这一大块巧克力板里有 24 块小巧克力。

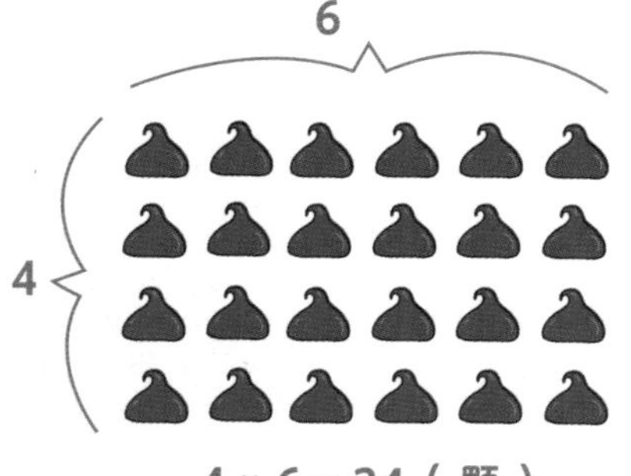

4 × 6 = 24（颗）

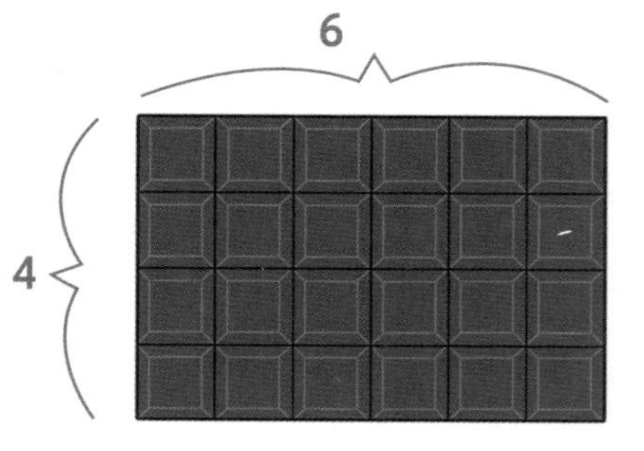

4 × 6 = 24（块）

如果阵列是由方形组合而成的，那么这个阵列就可以表示面积。

面积是指一个平面图形的尺寸大小。这里的平面图形可以是正方形、长方形，甚至圆形或三角形。当然，也可以是其他任何图形！以下这几个图形的面积相等，因为它们都是由 9 个相同的小方形组成的：

1	2	3	4	5	6	7	8	9

1	2	3
4	5	6
7	8	9

1	2			
3	4			
5	6	7	8	9

如果一个图形是正方形或长方形，那么我们用长乘宽（行数乘列数）就能得到它的面积。

面积 = 长 × 宽

180 页上的大块巧克力的面积为 24，因为 $4 \times 6 = 24$。因此，当小方块组合形成阵列时，这个阵列就能表示面积。

我喜欢用巧克力豆来思考乘法。它们真的太可爱了！
我会将巧克力融化，然后涂抹在全麦饼干上。所以我更喜欢从面积的角度思考乘法。你懂我是什么意思吗？
听上去真不错！但是怎样才能知道涂抹多少巧克力合适呢？太多了可不行，我可不想吃成个小胖墩。
“太多”是什么意思？再多我也能吃完。
接下来，我们来看看哪一个面积单位适合测量巧克力。不过，我们先来看看有哪些面积单位吧！

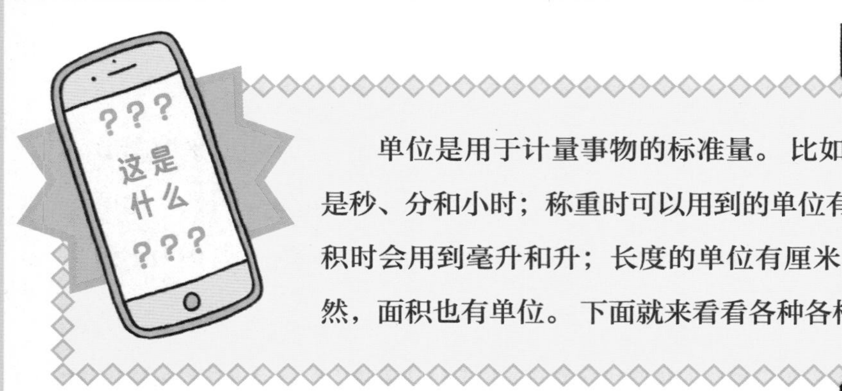

单位是用于计量事物的标准量。比如，时间的单位可以是秒、分和小时；称重时可以用到的单位有克和千克；测量体积时会用到毫升和升；长度的单位有厘米、米和千米等。当然，面积也有单位。下面就来看看各种各样的面积单位吧！

面积单位

如果一个物体的长度单位为厘米，那么它的面积单位就是平方厘米，写法是 cm^2。同样地，如果长度单位是毫米（mm）、分米（dm）、米（m）、千米（km），那么在这些单位前面加上“平方”两个字，也可以在单位的右上方添加一个小小的2，就会变成面积单位。比如，平方千米或者 km^2 都是面积单位。这下明白了吗？

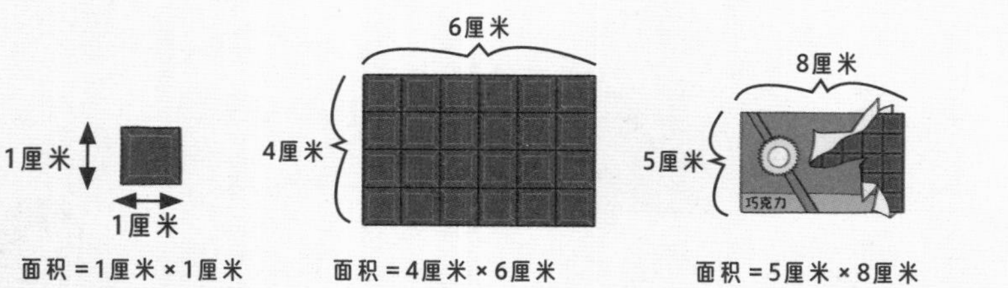

面积 = 1厘米 × 1厘米 = 1平方厘米（$1\ cm^2$）

面积 = 4厘米 × 6厘米 = 24平方厘米（$24\ cm^2$）

面积 = 5厘米 × 8厘米 = 40平方厘米（$40\ cm^2$）

面积 = 5米 × 2米 = 10平方米（$10\ m^2$）

哇，那块以平方厘米为单位的巧克力可真可爱呀！
给我来一块啊。

游戏时间！

将两条边长相乘，就能得出长方形的面积。你可以想象这些数字指的是组成巧克力板的小巧克力块，这样能更好地帮助你理解！你需要在答案后写上面积单位——平方厘米、平方米等等。当然，你也可以使用简洁的写法，比如 cm^2 以及 m^2。我做第 1 题示范给你看！

1. 50 km

20 km

一起来玩吧：我们的目标是计算出这个蓝绿色长方形的面积。如果我们将它想象成一个包含 20 行、50 列巧克力豆的阵列，那么我们只要将这两个数相乘，就能得到总数量。这种方法适用于计算面积：

面积 = 20 × 50

151 页上的内容告诉我们 20 × 50 = 1000，但是到这里还没有结束！由于长方形的边长单位是千米（km），所以它的面积单位应当是平方千米或者 km^2。因此，我们的答案是 1000 平方千米（或 1000 km^2）。完成！

答案：1000 平方千米，或 1000 km^2

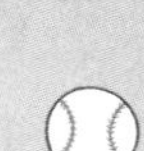

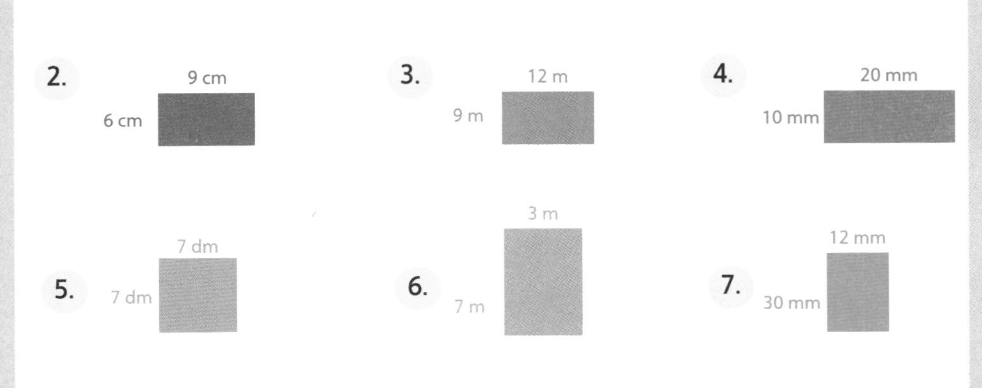

（答案见 221 页）

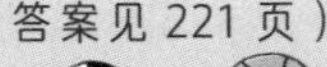

种下你的食物：两位数乘法的面积模型

阿兹特克人是种植能手，而种植还可以帮助我们学习两位数乘法！这个面积模型和 183 页上的图形很像吧。我们开始吧！

为了计算 13× 15，我们先想象一块长 15km、宽 13km 的长方形农田。如果我们会计算 13× 15，我们就会知道这块地的面积，对吧？然而问题在于，我们还不会计算 13× 15 啊！

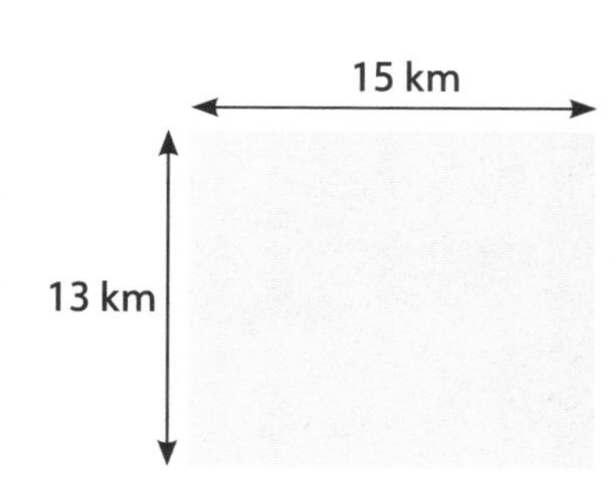

我们先假装自己就是阿兹特克人。我们将农田分成四块，分别用来种植玉米、西红柿和牛油果……为了让老鼠先生高兴，再种上可可树吧（这种树的果实是制作巧克力的原材料）。如果我们用猫咪伸懒腰的方法将 13 和 15 变成展开式，将大块的田地分割。那么，我们就会得到下面这样的农田：

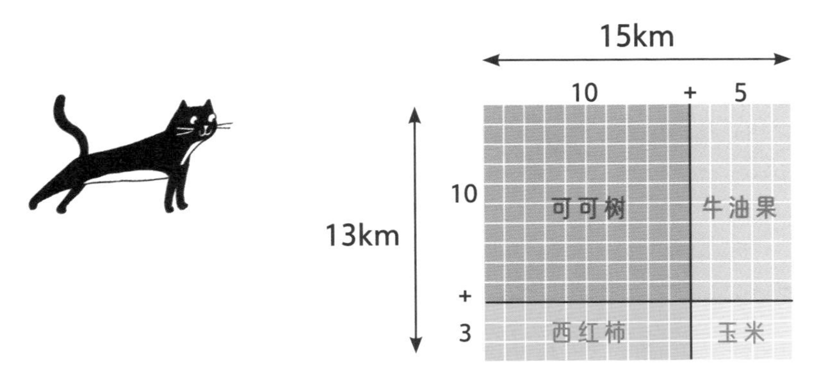

仔细看，同样一块农田，只是被分成了四部分。请注意这些线是如何把农田分割开的，比如，种西红柿的农田是 3km 宽、10km 长——也就是说面积是 3×10。那么，你看出来种牛油果的农田面积是 10×5 了吗？你能分别说出种玉米和可可树的农田面积吗？

我看出你的意图了。你在最大的一块农田（10×10）上种上了可可树，以此来鼓励我克服恐惧，勇敢使用“猫咪伸懒腰”的方法。我不得不说，你成功了。

哈哈，种玉米的农田面积最小，只有 3×5！

通过切分农田，我们也成功地将 13×15 转化成了四个更加简单的乘法问题！

13 × 15：

	10	5
10	10 × 10 = 100	10 × 5 = 50
3	3 × 10 = 30	3 × 5 = 15

$3\times 5 = 15$

$10\times 5 = 50$

$3\times 10 = 30$

$10\times 10 = 100$

现在，我们需要将它们全部加起来！

$$\begin{array}{r} 15 \\ 50 \\ 30 \\ +\ 100 \\ \hline 195 \end{array}$$

将 4 个更小的农田面积相加后，我们得到了农田的总面积：$13\times15=195$。如果你把上一页农田里的小方格都数一遍，你也同样能得到 195。我们还需要在答案后面加上正确的单位：$13\text{km}\times15\text{km}=195\text{km}^2$。完成！

我们可以在做作业的时候画这样的草图：

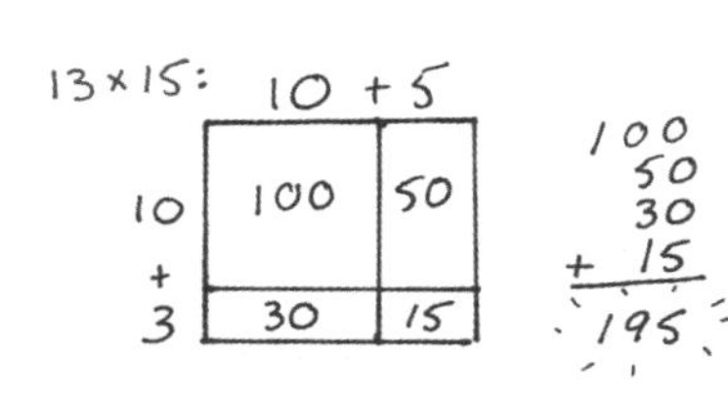

答案上的闪光一定是松鼠小姐画上的吧，我更喜欢用方块框住答案。说到方框，不如我们来学习一下窗格法（也叫方格法）！

不要打碎玻璃窗！用窗格法（方格法）做乘法

除面积模型外，方格法也是计算两位数乘法的好方法。我也喜欢叫它窗格法。

我们来试着做一做 79×28 =？。即便 79 比 28 大很多，使用窗格法也能轻松解答这道题！我们只需画一个普通的长方形，将它切割成 4 块，让它变成窗格的模样。然后，像猫咪伸懒腰一样，我们在窗格的边上写下两个乘数的展开式。

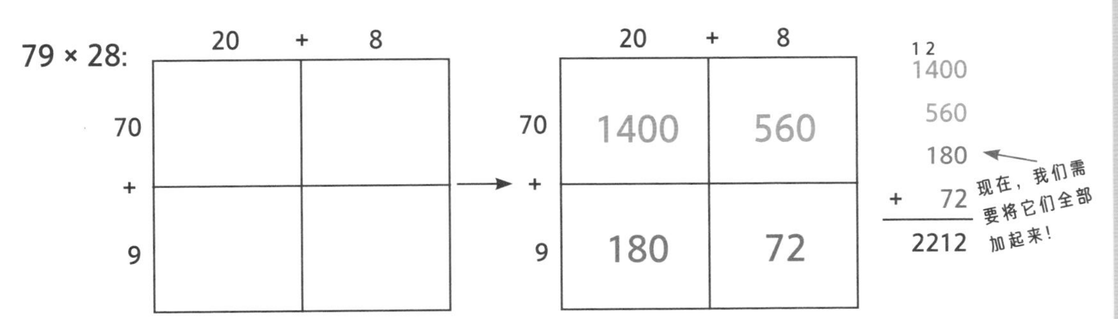

然后，我们将拆分后的数分别相乘，并将得到的四个乘积写入各自的方格中。最后，我们将这些乘积相加：1400 + 560 + 180 + 72 = 2212。注意到 1400 上方写的小小的 1 和 2 了吗？那是加法进位的数字。如果想复习加法进位，可以阅读《千万别打开这本数学书 加减法》的第九章。

学习笔记

有些老师不会在窗户外写上加法符号“+”，有些老师会添加窗格来填写乘法符号“×”。因此，你可能会看到下方这两种图片。不必感到困惑，这些方式都是正确的。

	20	8
70	1400	560
9	180	72

↔ 你还可能看见这两种方式！

×	20	8
70	1400	560
9	180	72

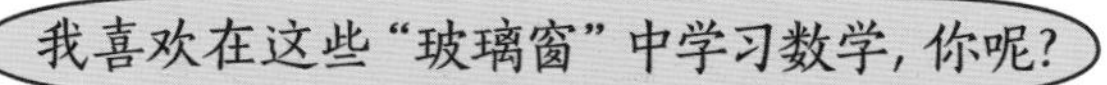

我喜欢在这些“玻璃窗”中学习数学，你呢？

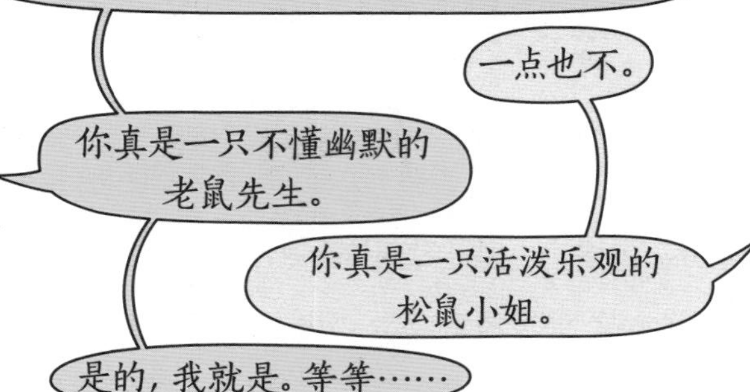

一点也不。
你真是一只不懂幽默的老鼠先生。
你真是一只活泼乐观的松鼠小姐。
是的，我就是。等等……

一步一个脚印：使用窗格法（方块法）计算两位数乘法

第一步：画一扇包含四个窗格的“窗户”。

第二步：在窗户的上方和左侧写上两个乘数的展开式。

第三步：计算四个乘法算式，将乘积写在窗格里。

第四步：将四个乘积相加！

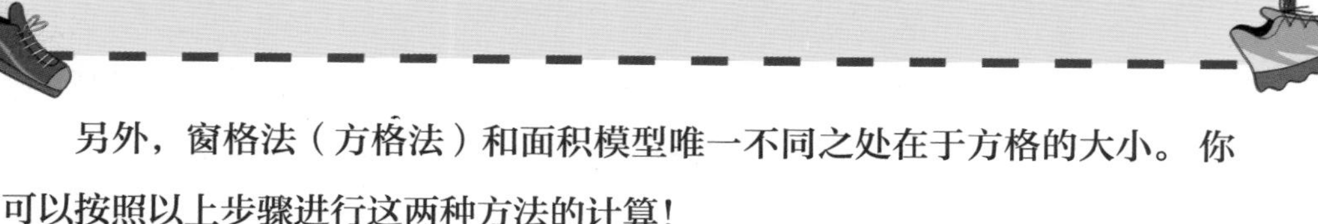

另外，窗格法（方格法）和面积模型唯一不同之处在于方格的大小。你可以按照以上步骤进行这两种方法的计算！

86 × 34的面积模型	86 × 34的窗格法（方格法）
上方：80 + 6；左侧：30 + 4；2400, 180, 320, 24	上方：80 + 6；左侧：30 + 4；2400, 180, 320, 24

在这两种方法中，我们都需要计算四个乘法算式，然后将它们的乘积相加，得到最后答案。在这道题中，2400 + 180 + 320 + 24 = 2924，所以 86 × 34 = 2924。完成！

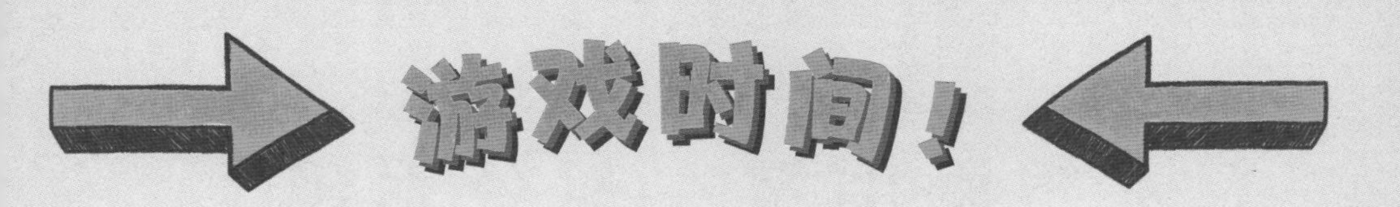

选择你喜欢的方法，不管是面积模型还是窗格法都可以，来计算以下乘法算式吧。在前几个题目中，你只需要先填窗格再计算出答案即可。后面的几道题目就要全靠你自己了。我做第 1 题示范给你看！

1. $13 \times 15 =$?

一起来玩吧：这个问题就是 184 页上的农田问题。不过这次，我们用窗格法来计算！我们先画好窗格，在格子的边上依次写上 13 和 15 的展开式：10 + 3 和 10 + 5。然后，我们将进行四次乘法运算，再将乘积写在方格中。最后，将这四个乘积相加得到答案：100 + 50 + 30 + 15 = 195。

我将画的窗格和计算过程放在这里，你可以对照看看是不是和你作业本上的图形一样。这道题也可以用面积模型解决——我写在 186 页上啦！

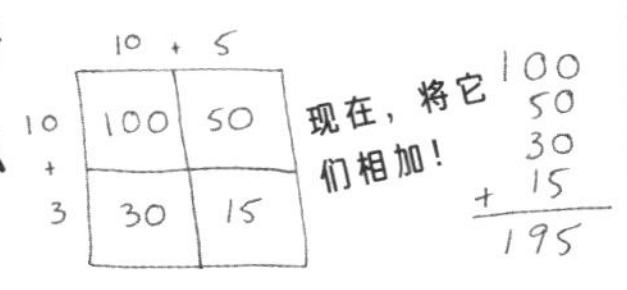

答案：$13 \times 15 = 195$

2. 45×16

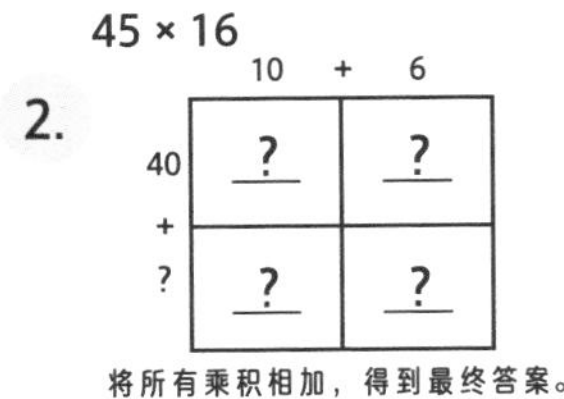

将所有乘积相加，得到最终答案。

$45 \times 16 =$?

3. 23×52

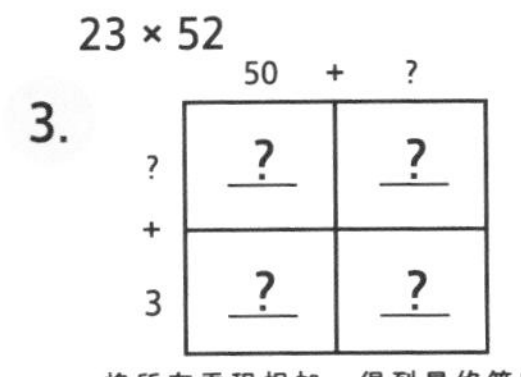

将所有乘积相加，得到最终答案。

$23 \times 52 =$?

4. 31×86

	?	6
?	?	?
?	?	?

将所有乘积相加，得到最终答案。

$31 \times 86 =$?

5. $67 \times 22 =$?

6. $78 \times 12 =$?

7. $43 \times 64 =$?

8. $56 \times 39 =$?

9. $48 \times 92 =$?

10. $99 \times 99 =$?

有人曾经说过“眼睛是心灵的窗户”。我喜欢这一章的内容。

（答案见 221–222 页）

不想画图了：部分乘积

当你熟练掌握窗格法时，你甚至不用画出窗格就能计算出正确答案。虽然，我们仍然需要进行四次简单一些的乘法运算，并且要将四个乘积相加来得到最终答案，但是，我们不再需要分割方块了。老鼠先生，这下你开心了吧！

我们来做一做 189 页上的算式：$13\times15=?$。这次不画窗户了，我们将数字重叠着写下来。为了方便理解，我们甚至可以将乘数写成“猫咪伸懒腰”的展开式。（如果忘记了展开式的写法，请回看 167 页复习。可爱的猫咪正在伸懒腰呢。）

$$\begin{array}{r} 13 \\ \times\ 15 \\ \hline \end{array} \rightarrow \begin{array}{r} 10+3 \\ \times\ 10+5 \\ \hline \end{array} \rightarrow \begin{array}{r} 10+3 \\ \times\ 10+5 \\ \hline 15 \\ 50 \end{array} \rightarrow \begin{array}{r} 10+3 \\ \times\ 10+5 \\ \hline 15 \\ 50 \\ 30 \\ 100 \end{array} \xrightarrow{\text{然后，将它们相加！}} \begin{array}{r} 15 \\ 50 \\ 30 \\ +\ 100 \\ \hline 195 \end{array}$$

我们先从个位数开始进行乘法计算：$5\times3=15$。然后，我们还是停留在 5 这里，接着计算 $5\times10=50$。之后，我们移动到下方的 10，开始计算 $10\times3=30$。最后，我们计算 $10\times10=100$。通过将乘数拆分成小一点的数字，我们将这道题变成了四道更加简单的乘法计算——就像窗格法中的四个小窗格！然后，我们将四个乘积相加得到最终答案：$5+50+30+100=195$。这样看来也没有那么困难了，是吧？

我们并不一定要将“猫咪伸懒腰”的展开式写下来。我们之前也学习过类似下图的计算方法（猫咪的小小懒腰——171 页的部分乘积法！），我们只需要注意，在这道题中，竖式中的 1 并不是“1”，而是“10”！选择你最喜欢的方式来计算吧。

记住要从个位开始计算：

$5 \times 3 = 15$

$5 \times 10 = 50$

$10 \times 3 = 30$

$10 \times 10 = 100$

$$\begin{array}{r} 13 \\ \times\ 15 \\ \hline 15 \\ 50 \end{array} \longrightarrow \begin{array}{r} 13 \\ \times\ 15 \\ \hline 15 \\ 50 \\ 30 \\ 100 \end{array} \longrightarrow$$

然后，将它们相加！

$$\begin{array}{r} 15 \\ 50 \\ 30 \\ +\ 100 \\ \hline 195 \end{array}$$

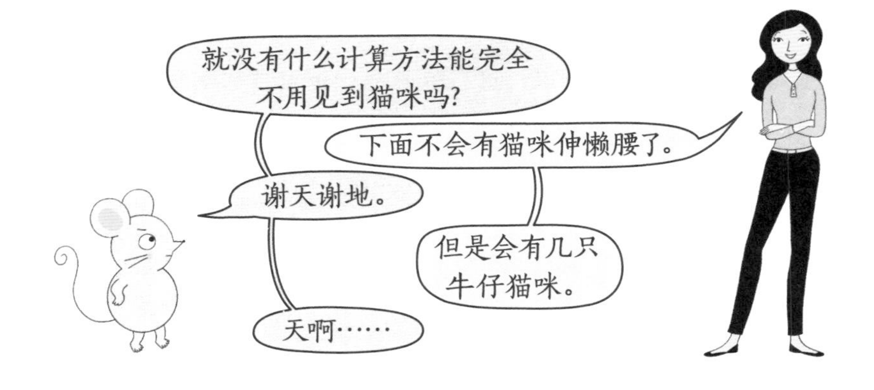

就没有什么计算方法能完全不用见到猫咪吗？
下面不会有猫咪伸懒腰了。
谢天谢地。
但是会有几只牛仔猫咪。
天啊……

两只牛仔猫咪！两位数乘法

画图可以帮助我们更加清楚地理解两位数乘法的逻辑。然而，在前面的 173 页上，我们也学习了乘法的传统竖式法。这次，我们要一次派遣两只牛仔猫咪出动！

让我们来算一算 79×36 =？吧。两只牛仔猫咪站在地上，高高地甩着手中的套绳。因为在乘法计算中，我们总是从个位开始，所以我们先出动代表数字 6 的这只牛仔猫咪。它将手中的套绳抛向数字 9。我们需要计算两个个位上的数字的乘法算式：6×9 = 54。顺便提醒你一下，这只猫咪不需要处理数字 3，我们可以先当这个 3 不存在！这就意味着，这道题的第一步其实是计算 79×6，就像我们在 174 页上学过的一样。（如果忘记了，请翻回去再看看！）

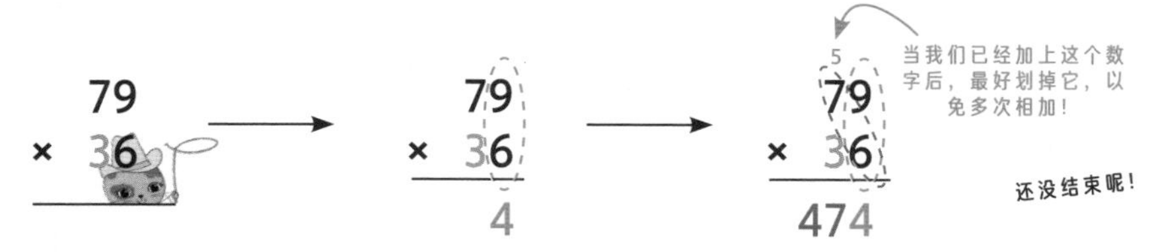

当我们已经加上这个数字后，最好划掉它，以免多次相加！
还没结束呢！

好的，现在代表数字 6 的这只猫咪已经完成计算任务了，我们需要请出下一只代表数字 3 的牛仔猫咪了。当然，这实际上是 30 而不是 3，对吧？所以，在计算过程中我们应当乘 30，而不是 3。因此，我们先在横线下方个位的位置上写上一个 0。接下来，这只猫咪抛出绳套住了 9——因为总是从个位开始——我们需要计算 3×9 = 27。我们先在下方写上 7，再像刚才那样将需要进位的数字（这次是 2）写在最上方。

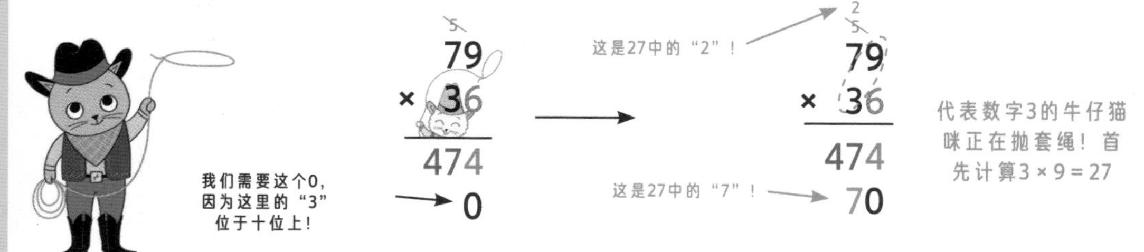

我们需要这个0，因为这里的“3”位于十位上！
这是27中的“2”！
这是27中的“7”！

只剩下最后一次抛套绳了（乘法）：3×7 = 21。千万不要忘记刚才那个 2（需要进位）应当加入现在的 21 中，得到 23。我们将 23 写在下方。我们已经完成了四次“小小”的乘法计算，现在只需要将结果相加就能得到最终答案！

最后一次抛套绳！

3×7＝21
21＋2＝23

将结果相加，得到最终答案！

哈哈！我们计算出 79×36 = 2844 啦。顺便说一下，如果你能熟练掌握这种传统竖式法，你就能在脑海中进行牛仔猫咪套绳。最后写在作业本上的过程应该类似于这样的竖式：

$$\begin{array}{r} \overset{2}{}\overset{5}{} \\ 79 \\ \times\ 36 \\ \hline \overset{1}{4}74 \\ +\ 2370 \\ \hline 2844 \end{array}$$

这看上去也不是特别困难！

我们添加上去的那个 0 让我联想到牛仔猫咪的套绳！

如果这道题用窗格法来计算，并将乘数写成展开式，就会出现这样的计算过程：

79 × 36 = ?

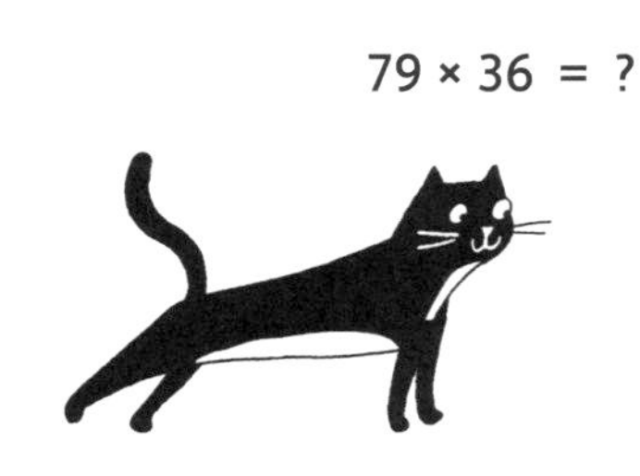

	70	+ 9
30	2100	270
+ 6	420	54

$$\begin{array}{r} \overset{1}{2}100 \\ 270 \\ 420 \\ +\ 54 \\ \hline 2844 \end{array}$$

现在，将它们相加！

窗格法？我觉得只是单纯的格子而已。

我喜欢牛仔猫咪的传统竖式法，因为看上去更加简洁。但我也喜欢画窗格法，那也很有趣！

我们在计算乘法算式时，选用自己最喜欢的方法就可以啦！

随着对乘法的传统竖式法越发熟练，你会发现这种方法算起来比窗格法和部分乘积法都要快得多。不过也要记住，即便老师让你用传统竖式法进行计算，你也可以在草稿纸上用窗格法来验算答案是否正确！

使用传统竖式法（牛仔猫咪法）、部分乘积法或者窗格法，计算以下乘法问题。我做第 1 题示范给你看！

1. 89 × 67 = ?

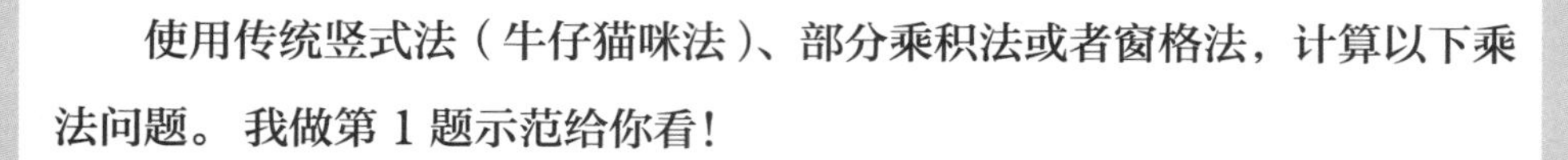

一起来玩吧：我们先使用部分乘积法来做题。记住，在这种方法中，我们需要清楚每个数字的真实位值，比如 8 代表的是 80。试试看吧！

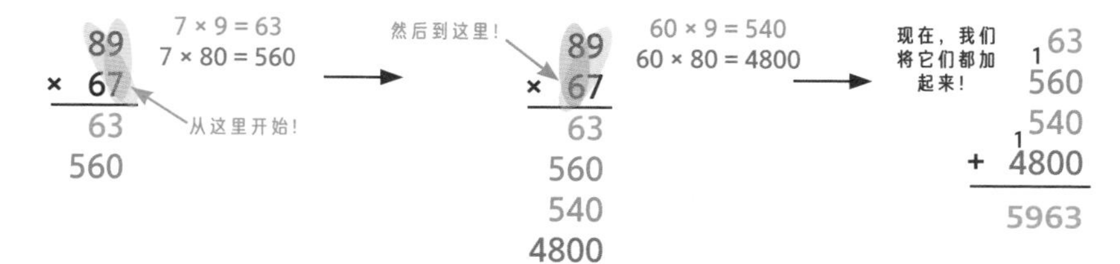

我们也来试一试传统竖式法（牛仔猫咪法）。我们先从个位开始计算，用 7 依次套住上面的两个数字。然后 6 也采取同样的行动。记住，我们总是从个位开始计算：

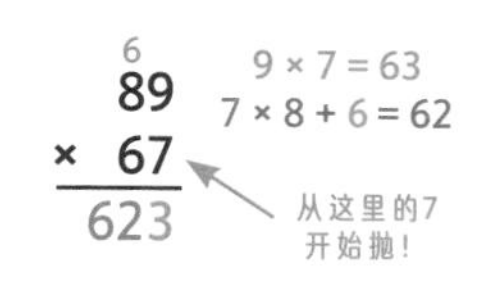

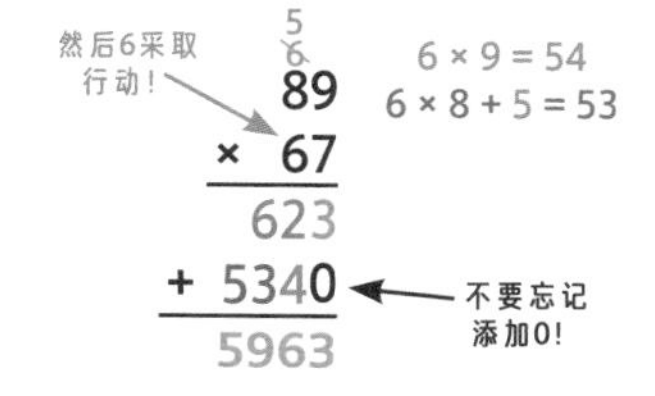

你瞧，不论是哪种方法，我们都能得到同样的结果 5963。你还可以用窗格法来验算这个答案。完成！

答案：89 × 67 = 5963

2. 23 × 27 = ?　　3. 51 × 31 = ?　　4. 62 × 43 = ?

5. 18 × 19 = ?　　6. 34 × 52 = ?　　7. 72 × 12 = ?

8. 52 × 55 = ?　　9. 67 × 22 = ?　　10. 92 × 11 = ?

（答案见 222 页）

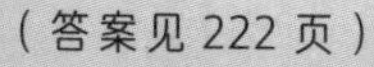

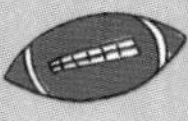

第十章

建立模型和狂欢节糖果：长除法的计算方法

在这一章中，我们将学习如何计算像 852÷6 =？这样的除法算式。虽然长除法的计算方式多种多样，但是归根结底都有着相同的含义：将一个大数平均分为若干份。这就像，将最大的那堆糖果分为许多个小堆。

说到糖果，我们不如就来聊一聊狂欢节的糖果吧。这里有一大堆的节日专供糖果。你和 5 个小伙伴要在狂欢节这一天去玩“不给糖就捣蛋”的游戏，并约定在狂欢节结束后，将所有得来的糖果都堆在一起，然后平均分成 6 份。

不给糖就捣蛋！通过“建模”来平均分配糖果

狂欢节这天你们满载而归，一共得到了 852 颗糖果——8 大包糖果（每包 100 颗）、5 小包糖果（每包 10 颗），另外还有 2 颗散装糖果。现在，你们需要将这些糖果平均分为 6 份，每一份里有多少糖果呢？从数学语言的角度来看，你们需要计算 852÷6 =？。首先，我们找来 6 个大碗来盛放分配后的糖果吧。

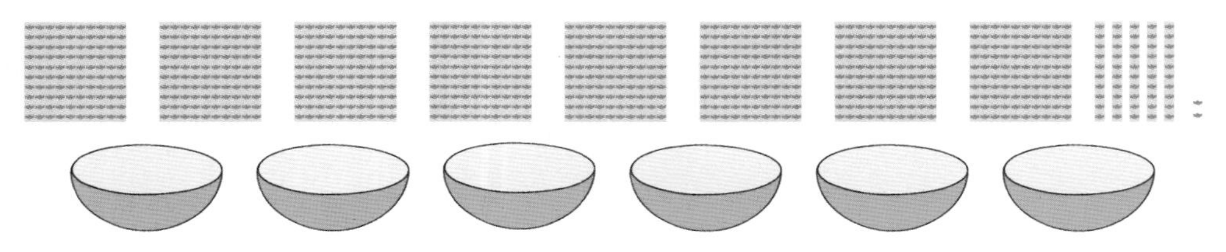

当然，我们可以将 100 颗一包的糖果和 10 颗一包的糖果都拆成散装的糖果，然后一颗颗地依次放入这 6 个碗中。但是这样的话，不知道要花费多久的时间！我们来想一想，有没有更方便的方法呢？我们可以先拿出 6 包大包装（每包 100 颗）的糖果，在每个碗里放上 1 包。这样一来，每一个碗里都有了 100 颗糖果。这样分配能节省我们的时间。

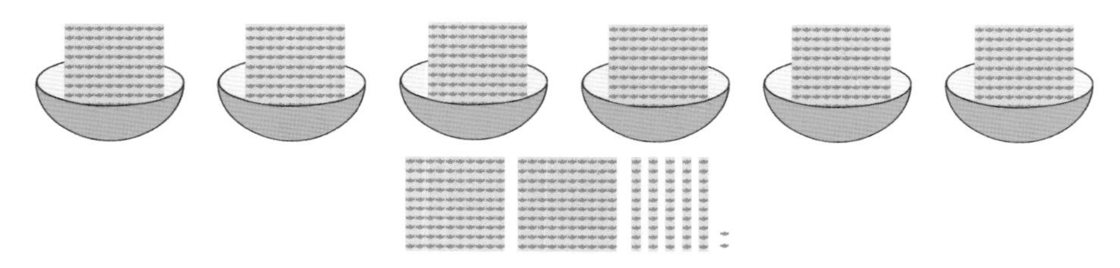

现在，剩下的 2 包大包装的糖果该怎么办呢？我们把它们拆开，将它们拆分成 20 包小包装（每包 10 颗）的糖果。这样一来，我们一共有 25 包小包装的糖果。

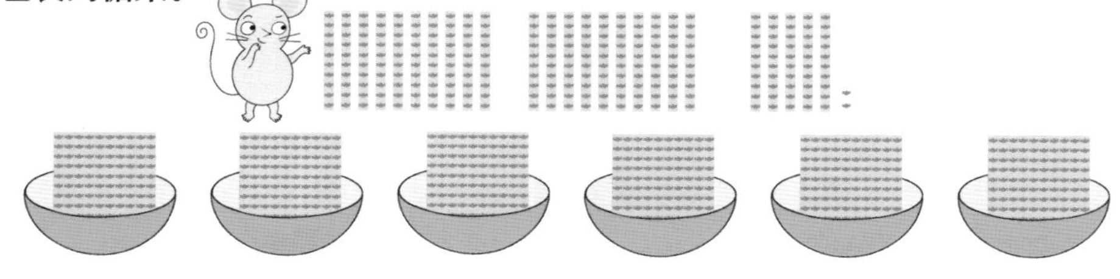

然而，我们无法将 25 包小包装的糖果平均分放在 6 个碗里。因为 25 除以 6 除不尽。但是我们都知道 $24 \div 6 = 4$，所以可以先给每个碗里放上 4 包小包装的糖果。

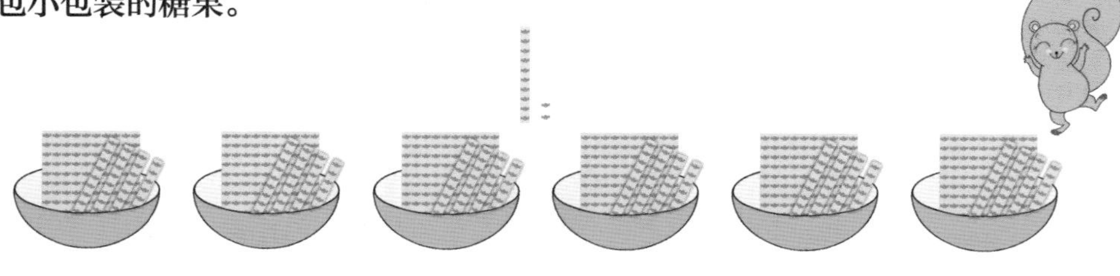

这样一来，我们还剩下 1 包 10 颗包装的糖果。我们将这包糖果拆分成 10 颗散装的糖果。于是，我们一共还剩下 12 颗糖果！

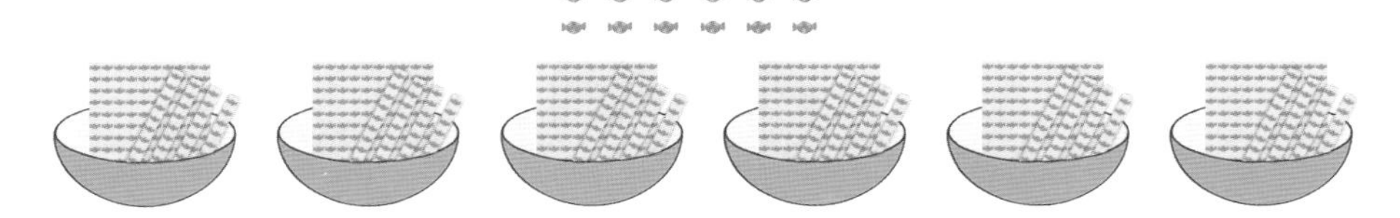

如何将 12 颗糖果平均放在 6 个碗里呢？这个简单！因为 12÷6 ＝ 2，所以每个碗里放 2 颗糖果就行啦！我们分完糖果啦！

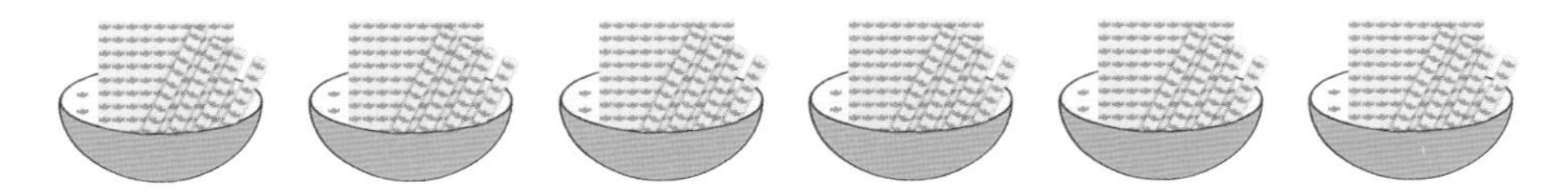

那么，每个碗里有多少颗糖果呢？我们来瞧一瞧，一个碗里有 1 包 100 颗包装的糖果，4 包 10 颗包装的糖果，还有 2 颗散装的糖果：一共 142 颗。也就是说 852÷6 ＝ 142。真棒！

如果一共得到了 853 颗糖果（而不是 852 颗），我们也可以采用同样的方式进行分配。只是到最后一步时，我们需要将 13 颗糖果（而不是 12 颗）平均放到 6 个碗里，是吧？我们在每个碗里放上 2 颗糖果后，还剩下 1 颗糖果（不能分给任何一个碗）。因此，我们的答案中将包含余数 1，也就是说 853÷6 ＝ 142……1。

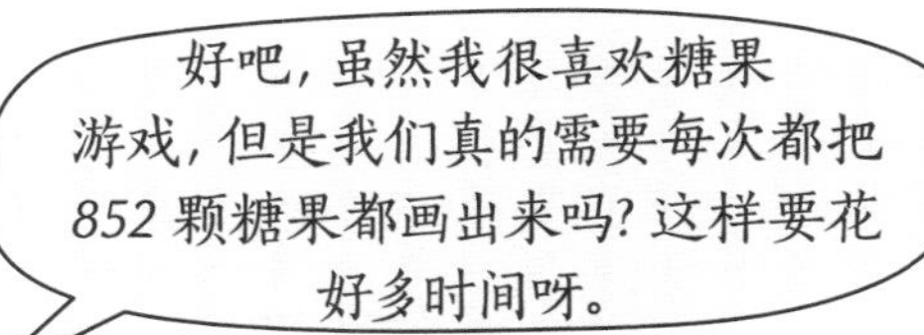

好吧，虽然我很喜欢糖果游戏，但是我们真的需要每次都把 852 颗糖果都画出来吗？这样要花好多时间呀。

我们的确需要画一些图画，但是如果“位值”愿意来帮助我们，就不需要将所有糖果都一一画下来了。这也是一种建立模型的方式。

用巨大的碗来盛放糖果：在位值表里建模

我们来计算 531÷4 =？吧！这次，我们不会将所有的糖果都画出来了，我们会用位值来帮忙。我们在百位上看见的每一颗“糖果”都代表着 1 包 100 颗包装的糖果。十位上的每一颗“糖果”都代表着 1 包 10 颗包装的糖果。当然，个位上的每一颗“糖果”代表真正的 1 颗糖果。我们用可爱的小圆点来代表“糖果”。

$531 \div 4 = ?$

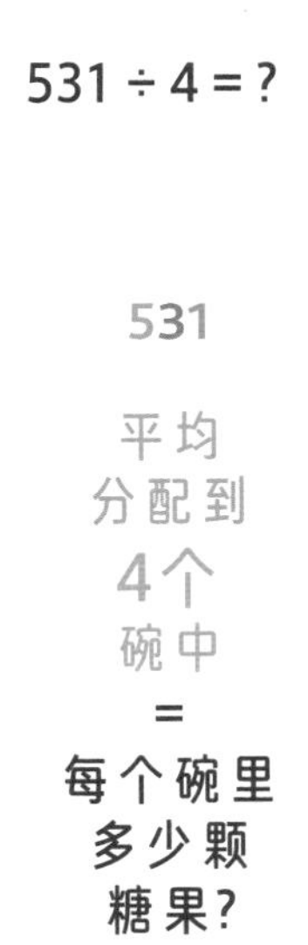

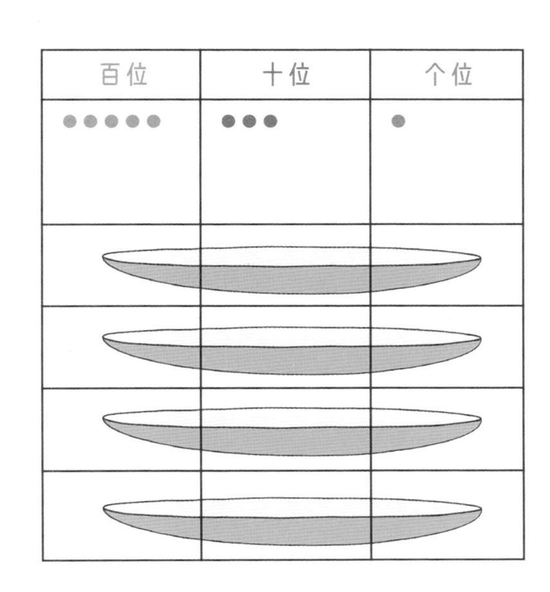

我们将这些糖果放进碗里吧！我们有 5 包绿色包装的糖果（每包 100 颗），所以我们可以先在每个碗里（一共有 4 个碗）各放 1 包 100 颗包装的糖果。这样一来，我们还剩下 1 包 100 颗包装的糖果。现在该怎么呢？我们将这包多出来的绿色包装的糖果拆分成 10 包 10 颗包装的糖果。当我们将那包绿色包装的糖果拆分并放到蓝色圆点这一栏后，我们应该将这个绿色的圆点划掉。这样就能清楚地表示出我们做过了什么：

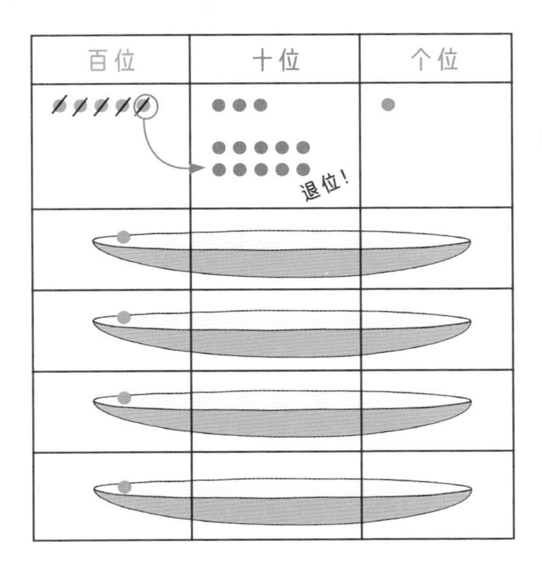

那么，我们还剩余多少颗糖需要分配呢？我们已经将 400 颗糖果分配到了 4 个碗里，也就是说我们还剩 531 − 400 ＝ 131 颗糖果。（十位上有 13 个蓝色的圆点，代表着 130 颗糖果！）我们要先保证自己已经彻底明白这一点后，才能继续下面的内容。

看来你已经彻底理解啦！那就让我们继续分配糖果吧！我们已经将百位上的圆点都分配完毕了，现在该开始分配十位上的圆点了。十位上有 13 个圆点，每个圆点代表 10 颗糖。我们要如何将这 13 包 10 颗包装的糖果分配到 4 个碗里呢？因为 12÷4 ＝ 3，我们可以在每个碗里分配 3 个蓝色圆点（3 包 10 颗包装的糖果）。然后，我们还剩下 1 包 10 颗包装的糖果。所以，我将这包 10 颗包装的糖果拆分，变成 10 颗散装糖果，并放到个位中。

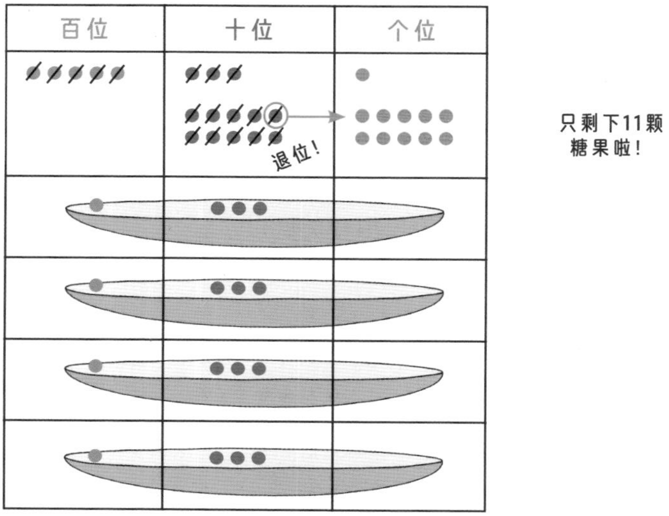

百位　十位　个位

退位！

只剩下11颗
糖果啦！

最后，我们还剩下 11 颗散装糖果需要分配到 4 个碗里去。哎呀，如果还剩 12 颗糖果就好了。这样每个碗里放 3 颗就行啦。但很可惜，我们只有 11 颗糖果。因为 11÷4 ＝ 2……3，所以每个碗里放 2 颗散装糖果，还剩余 3 颗散装糖果。

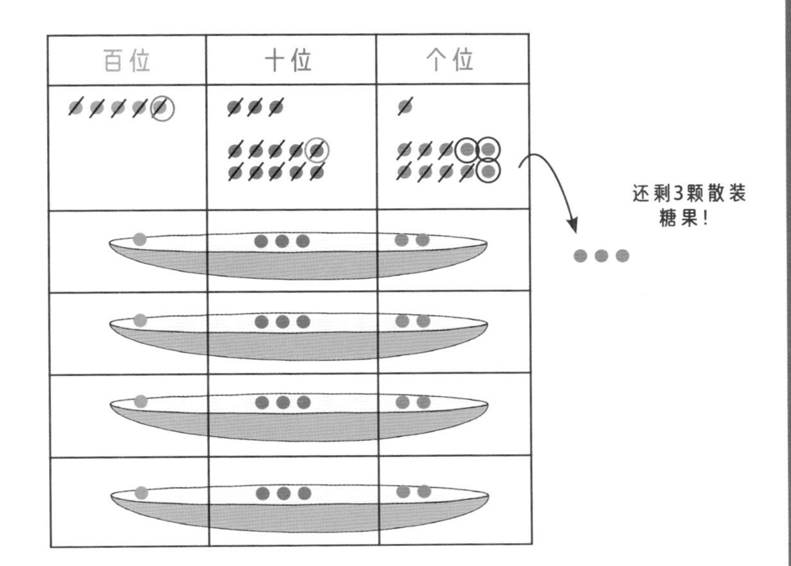

那么，这道题的答案究竟是多少呢？我们只用知道每个碗里有多少颗糖果就行啦！我们可以任意找一个碗来瞧一瞧，里面有 1 袋 100 颗包装的糖果，3 袋 10 颗包装的糖果，还有 2 颗散装的糖果：132！另外，我们还剩下了 3 颗糖果，无法平均分给 4 个碗，所以这 3 颗散装糖果就是答案中的余数。因此，531 ÷ 4 = 132……3。

这张位值“糖果”图表实际上展示的是，将糖果尽可能平均分配到每个碗中。先从最大包装（百位）开始，一直分配到散装糖果（个位）。你明白了吗？

学习笔记

当我们将图表中的圆点退位时，比如将 1 袋 10 颗包装的糖果拆分成 10 颗散装的糖果：，可以将红色的圆点排列成一个整齐的十格阵。这样我们就能更加清晰地查看数量，避免粗心造成的错误。在《千万不要打开这本数学书 加减法》的 25 页中，你就能学到更多关于十格阵的知识。

我有一个问题：图表里的碗必须是粉红色的吗？可我很喜欢紫色。

你可以选择自己喜欢的颜色！

为了让你更加清晰地明白我们在做什么，我们将所有的碗都画了出来。但是接下来，我们会用表格代替碗来放置不同颜色的圆点。当然，你也可以在脑海中想象出粉色（或者紫色等其他颜色）的碗。我们将在 203 页的第 1 题中尝试使用这种表格。另外，如果你想先巩固一下如何用位值表格解决除法问题，你可以先看看 209 页上的内容。

快问快答

验算！

因为乘法和除法互为逆运算，所以我们可以用乘法来验算除法的答案，即便答案中有余数！比如，我们想要验算 $852 \div 6 = 142$（这是 197 页中的算式），我们就需要计算 6×142 的答案。当然，我们可以选择任意一种自己喜欢的方法。如果我们得到的答案是 852，就说明除法算式的答案是正确的！

现在，我们来看一看带有余数的除法算式如何验算。比如，我们需要验算 $531 \div 4 = 132 \cdots\cdots 3$（这是 201 页上的算式），我们应该先计算 $4 \times 132 = 528$。然后，在乘法计算之后，再加上余数：$528 + 3 = 531$。完成！

用位值“糖果”表格来解决以下除法问题。也就是说，用不同位值的圆点来建立数学模型。我做第 1 题示范给你看！

1.　209 ÷ 3 = ＿?＿

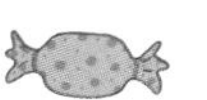

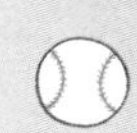

一起来玩吧：首先，我们画出位值表格，并在不同单元格中用圆点来表示 209。也就是说，我们需要在百位上画出 2 个代表百的圆点，在个位上画出 9 个代表 1 的圆点。然后，我们在下面画出 3 行空栏，用来表示放置圆点的 3 个组。我们可以想象每行正放着一个看不见的粉色大碗（就像 199 页那样）。现在，我们开始分配吧！先从最大的百位开始分配。可是，如何能将 2 个代表百的圆点平均分到 3 组里呢？我们没办法做到，因为 2 比 3 小！所以，我们需要将这 2 个圆点拆分成 20 个代表十的圆点。

	百位	十位	个位
209	●●		●●●●●●●●●
3个组（碗）			

→

百位	十位	个位
⌀⌀ 退位！	●●●●●●●●●●●●●●●●●●●●	●●●●●●●●●

这样好多了！那么，我们如何将 20 个代表十的圆点平均分配到 3 组中呢？其实这就是在问我们 20 ÷ 3 = ？，我说的对吧？

如果你翻到下一页，就会看见很多的圆点。如果密密麻麻的圆点让你感到困惑，不必担心，我会和你一起面对它们！它们只是小小的圆点而已，怎么能吓到我们呢？

继续！→

因为 20 ÷ 3 = 6……2，所以我们能在每个组里分配 6 个代表 10 的圆点（看下面左侧的表格）。需要注意的是，这些蓝色圆点应当在十位这一栏中。这时，我们还剩余 2 个代表 10 的蓝色圆点，是吧？我们将它们拆分成 20 个代表 1 的红色圆点，并将它们放到个位这一栏中。

仔细看下面左侧的表格，确保自己能看懂圆点的每一次拆分和退位。

百位	十位	个位
⊘⊘	退位！	

3个组！到目前为止，每个组里都有6个代表10的圆点。

百位	十位	个位
⊘⊘		

剩余2个圆点

现在，3个组里的每个组都有6个代表十的圆点和9个代表一的圆点！

现在，上方左侧的表格中只剩下一个问题：如何将这 29 个红色圆点平均分配到 3 个组里呢？因为 29 ÷ 3 = 9……2，所以我们能在每个组里放置 9 个圆点（看上面右侧的表格）。剩余的 2 个圆点就是我们的余数。那么，每一组都分配完成后的答案是多少呢？是 69 以及余数 2。完成！

答案：209 ÷ 3 = 69……2

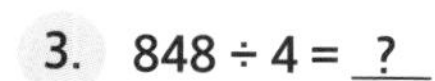

2. 369 ÷ 3 = ?　　3. 848 ÷ 4 = ?　　4. 308 ÷ 3 = ?

5. 255 ÷ 5 = ?　　6. 531 ÷ 4 = ?　　7. 624 ÷ 6 = ?

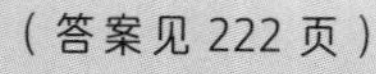
（答案见 222 页）

高速公路：传统的长除法

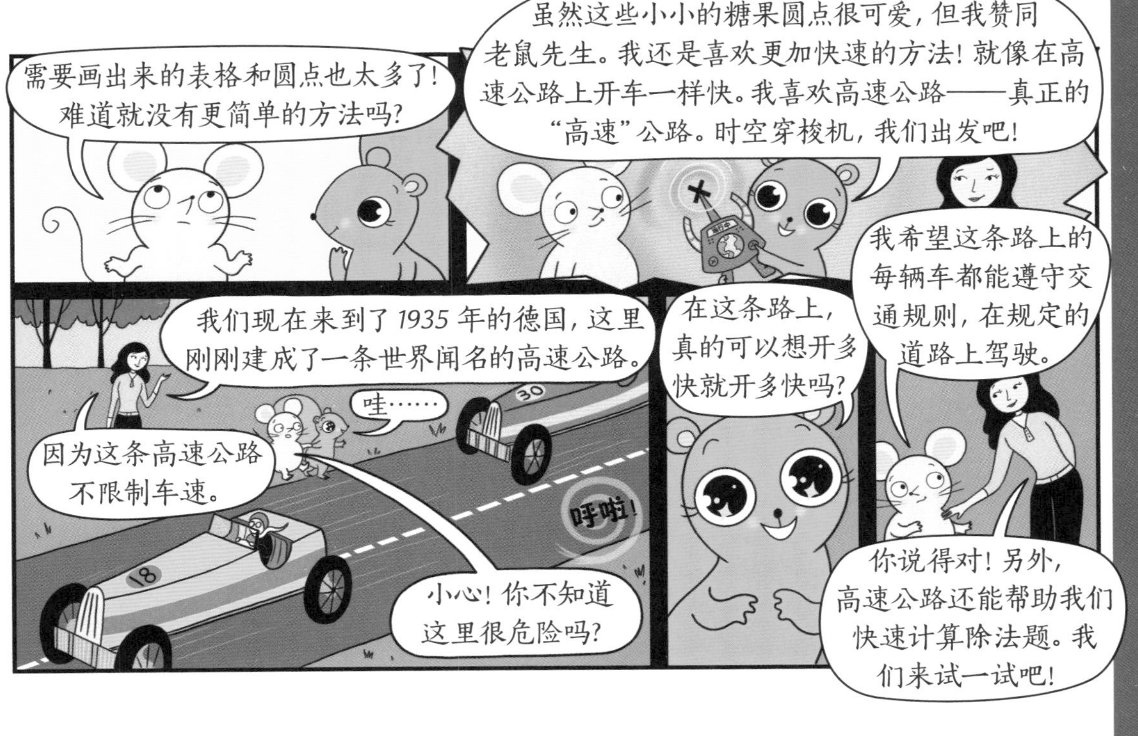

在通过图画和模型学习除法之后，我们就来到了书写更加简便，但需要更多思考的"传统"方法。当你熟练掌握这种方法后，就能快速地进行除法计算。

还记得我们在61页上见过的"除号小屋"吗？现在，它又要登场了！如果我们要计算465÷5 =？，我们就要先画出"除号小屋"，然后再画出"高速公路"，让每个数字都在正确的位值"车道"上。

如同之前学过的方法一样，我们需要从最大的数位开始，在这里是百位。我们来问问自己："4中包含多少个5呢？"答案是——没有！所以，在百位这条"车道"上，我们无法写下任何数字。注意，如果现在我们使用的是位值圆点图表，我们就应该将4个代表百的圆点拆分成40个代表十的圆点。加上十位上原本的6个圆点，一共得到46个代表十的圆点！

百位	十位	个位
5)4	6	5

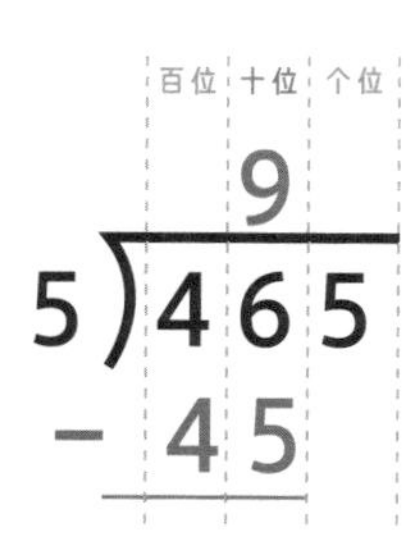

在长除法里，我们也将进行类似操作！我们将 4 想象成 40，然后问自己："46 中包含多少个 5 呢？"当然，直觉告诉我们，里面一定包含许多个 5。但是，究竟是多少个呢？嗯……比 46 小的最大的 5 的倍数是多少呢？我们知道 5×9=45，所以 46 至少能在每一组里分配 9！接下来，我们再来看看 5×10=50——哎呀，这个数太大了（奶油堆倒下来了）。因此，我们知道 46 中最多只有 9 个 5。于是，我们在屋顶的十位上写上 9。

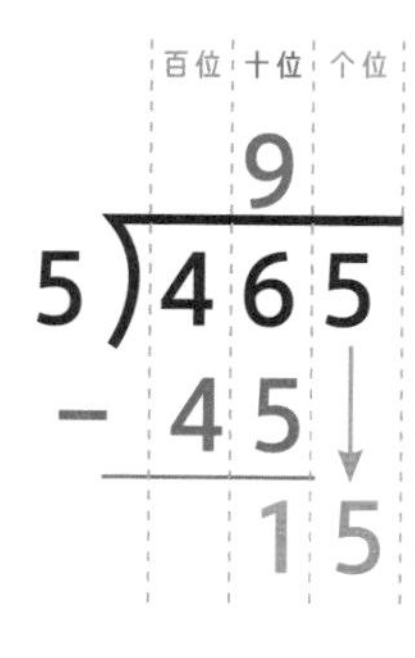

接下来，我们从 46 中减去 45 得到 1。将个位上原本的 5 挪下来和十位上剩余的"1"（也就是 10）相加，得到 15。这就是需要继续分配的"新数"！

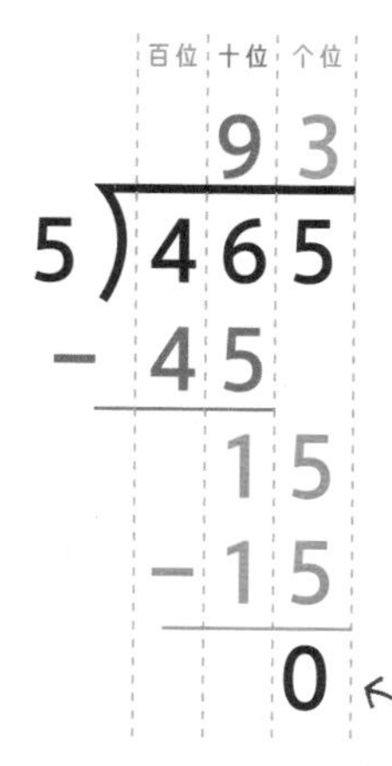

现在我们继续分配 15。那么，15 里有多少个 5 呢？没错！我们知道 5×3=15。也就是说，15 里正好有 3 个 5。所以，我们将 3 写在屋顶的个位上，然后像之前那样计算减法，来看看我们还剩多少需要继续分配。这一步，我们已经没有可以挪下来的数字了。我们完成啦！

答案：465÷5=93

注意！

在长除法中，如果减法得到的答案比除数还要大，这意味着我们写在小屋顶上的数字太小了！比如，我们在计算 652÷8 时，发现 6 比 8 更小，无法包含任何 8 的倍数，所以问自己：“那么，65 中包含几个 8 呢？”如果我们没有仔细思考，随口答道：“是 7，因为 8×7 ＝ 56，而 56 并不比 65 小多少。”然而，当计算减法 65 － 56 ＝ 9 时，我们会发现 9 比 8 更大。糟了！这意味着 65 中包含不止 7 个 8。实际上，如果你认真思考就会发现，65 中包含了 8 个 8，因为 8×8 ＝ 64！

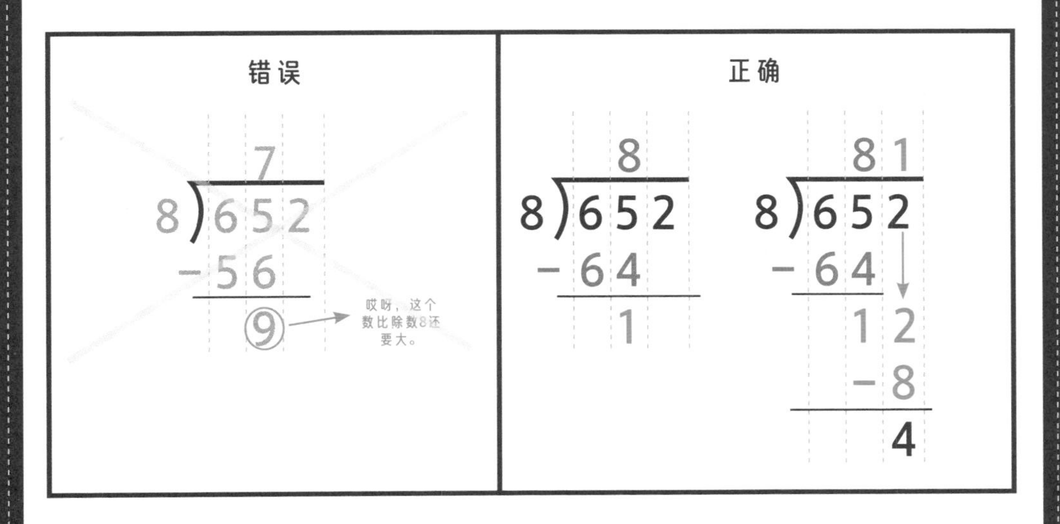

在屋顶填写数字前，多想想我们的乘法口诀表（还有打发的奶油——在 159 页）。多试几个乘法口诀，再决定哪个数字是正确的。你一定能做好的！

糖果和高速公路：长除法的对比

现在我们来对比一下传统的长除法和位值“糖果”法！

长除法：561 ÷ 3

561 是我们的被除数（放在“除号小屋”里），3 是除数。我们可以用虚线画出“高速公路”，每一个笔直的竖栏都代表一个数位！

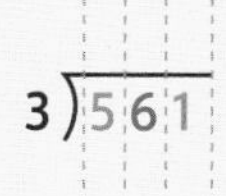

5 里面包含多少个 3 呢？1 个！

我们将“1”写在屋顶的百位一栏中。然后，我们在百位这一栏中计算 5 − 3 = 2。再与十位上挪下来的 6 相加得到 26。

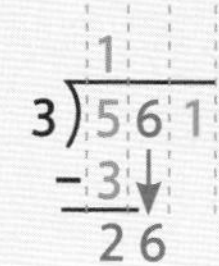

现在发现，熟练掌握乘法口诀表是多么重要！

下一步：26 中包含多少个 3 呢？
8 个！
（因为我们知道 3 × 8 = 24，以及 3 × 9 = 27。27 太大了——打发的奶油倒塌了！）

我们将 8 写在屋顶的十位一栏中。然后，我们计算 26 − 24 = 2，再与个位上“挪下来”的 1 相加得到 21。

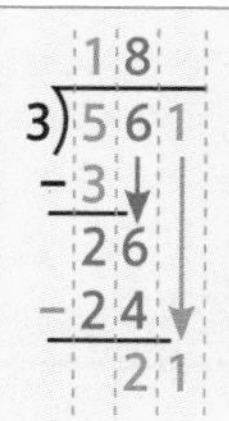

将数字“挪下来”能够让我们知道还剩下多少需要继续分配。

21 中包含多少个 3 呢？
正好 7 个！
（因为我们知道 3 × 7 = 21。）

我们将 7 写在屋顶的个位一栏中，然后计算 21 − 21。现在已经没有什么数可以“挪下来”了，所以我们完成了这道除法题。另外，因为减法的答案为 0，所以这道题没有余数。

187
3)561
−3
26
−24
−21
21
0

561 ÷ 3 = 187

完成！

太有趣了！我们用两种方法来计算 561 ÷ 3 吧！

位值“糖果”图表法：561 ÷ 3

	百位	十位	个位
561	●●●●●	●●●●●●	●
3个“碗”			

首先，我们画出位值表格，用不同颜色的圆点表示 561，再画出 3 个“碗”来盛放分配的“糖果”！

将 5 个代表百的圆点平均分配到 3 个碗中，每个碗里有几个圆点呢？1 个！

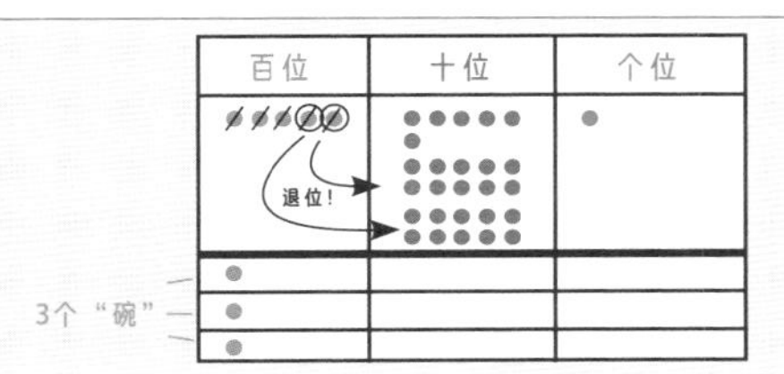

我们在每个“碗”中的百位一栏里，各放 1 个代表百的圆点，并将已经分配出去的 3 个绿色圆点划掉。然后将剩下的 2 个绿色圆点拆分为 20 个代表十的蓝色圆点，并且重新分到十位一栏里。现在，十位一栏中共有 26 个蓝色圆点。

接下来：将 26 个代表十的圆点分配到 3 个碗中，每个碗里有几个圆点呢？

8 个！

（因为我们知道 26 ÷ 8 = 8……2。剩下 2 个代表 10 的圆点将被重新分组！）

无论在哪一种方法中，26 中都只有 24 被平均分为了三部分！

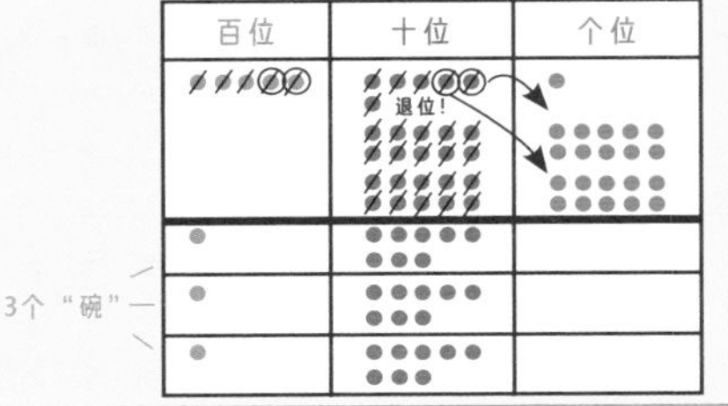

我们在每个“碗”的十位一栏中各画上 8 个代表十的圆点。然后，我们将分配出去的 24 个蓝色圆点划掉。将剩余的 2 个蓝色圆点拆分为 20 个代表一的红色圆点。所以，我们现在一共有 21 个代表一的圆点。

将 21 平均分配到 3 个碗中，每个碗里有几个圆点呢？7 个！

（因为我们知道 3 × 7 = 21。）

无论在哪一种方法中，这个大数最后都被平均分为了 3 组。

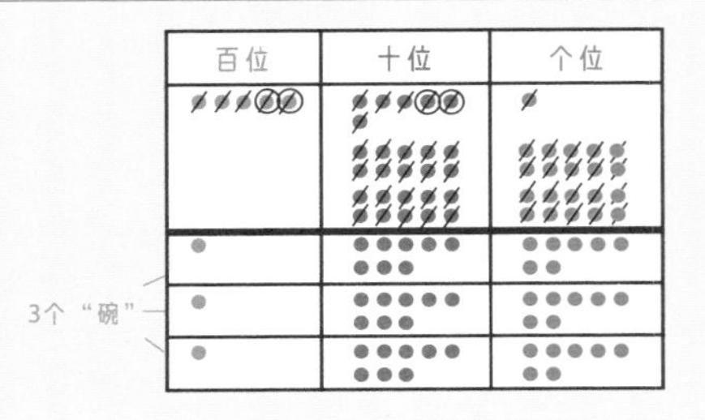

我们在每个“碗”的个位一栏中各画上 7 个代表一的圆点。然后，我们将分配出去的 21 个圆点划掉。现在，没有可以继续分配的圆点了，也就是说没有剩余任何余数。我们做完啦！每个碗里都装有 1 个百、8 个十和 7 个一，因此：

561 ÷ 3 = 187

完成！

一步一个脚印：

在高速公路上飞驰——一步一个脚印地学习长除法

我们已经见识过由长除法搭建的“高速公路”，并且和之前学习的位值“糖果”法进行了比较。为了能更加深入地理解长除法，我们再把计算步骤梳理一遍。如果第一次没有读懂也不必担心，你可以多读几遍，直到完全理解为止。只要记住，长除法的步骤包括：除法！乘法！减法！挪下来！现在，我们来试着计算 459÷7 =？。

我真庆幸还有其他方法能解决除法问题，这样我就不需要画出7个糖果碗了，也不需要重新分组那么多的圆点了。

第一步：除法！先看被除数第一位上的数字中包含几个除数。如果第一位上的数字比除数更小，那么继续看被除数的前两位数字包含了多少个除数。将这个答案写在“除号小屋”的屋顶上，一定要写在被除数前两位数字中最后一位的正上方！

我们无法计算 4÷7，但却可以计算 45÷7！乘法口诀表中的 7×6 = 42 正好合适，而 7×7 = 49 就太大了。所以，我们将数字 6 写在屋顶上，就写在 5 的正上方——因为这是被除数前两位数字 45 的最后一位！

百位 十位 个位

```
    6
7)459
```

第二步：乘法！现在将屋顶上写下的数字和除数相乘，将乘积写在下方。

现在，我们需要计算 7×6 = 42。

百位 十位 个位

```
    6
7)459
  42
```

第三步：减法！将两个数字相减。

我明白，这是因为我们需要减去已经分配出去的部分——也就是*42*——我们不需要再次分配它了！

“42”是我们已经分配过的部分（实际上是420），因此我们将这一部分从被除数中减去，看看还剩多少需要继续分配：45 - 42 = 3（实际上是30）。

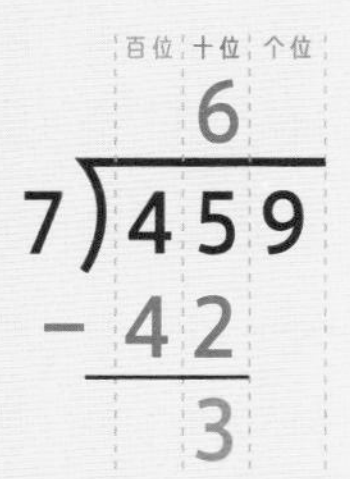

第四步：挪下来！用一个箭头来将被除数的第三位上的数字挪下来。然后，组成我们需要分配的“新数”。（我们不再需要分配整个被除数。）

百位 十位 个位

6

7)459

-42

39

需要分配的“新数”

我们已经不需要分配整个“459”，现在只需要分配39。

第五步：重复！然后，我们重复以上四个步骤，直到被除数已经没有任何可以挪下来的数字为止。如果最后一次减法的结果不是0，那么这个结果就是我们的余数。完成！

除法！乘法！减法！挪下来！
除法！乘法！减法！挪下来！

百位 十位 个位

65

7)459

-42

39

-35

4

没有可以挪下来的数字了，所以这就是我们的余数！

答案：459 ÷ 7 = 65……4

箭头与“添加 0”的对比

如果不想画箭头的话，我们也可以在长除法的减法计算时添加数量合适的0，这能更加清楚地表示计算的过程！比如，在 208 页中，虽然我们看上去在计算 5 减 3，但实际上“5”和“3”都在百位上，所以我们真正减去的是 300。那么，如果我们将 300 完整地写出来，就不需要画出箭头了。来瞧一瞧吧！

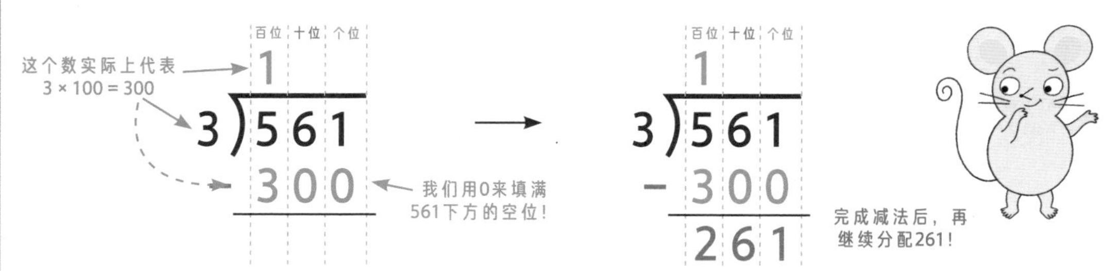

百位 十位 个位
这个数实际上代表
3 × 100 = 300
我们用0来填满
561下方的空位！
完成减法后，再
继续分配261！

现在我们重复之前的步骤，继续来分配剩下的 261。我们问自己：“2 里面包含多少个 3？一个都没有。那么，26 里包含多少个 3 呢？”因为 3 × 8 = 24，所以我们将 8 写在上方，然后将 24 写在下方，再添加一个 0。现在，我们就能得到：

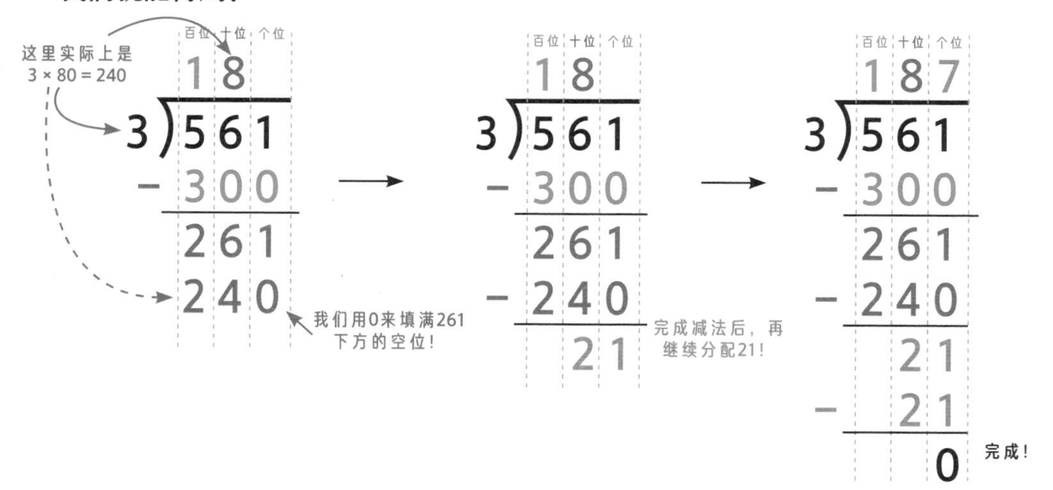

百位 十位 个位
这里实际上是
3 × 80 = 240
我们用0来填满261
下方的空位！
完成减法后，再
继续分配21！
完成！

我们在 208 页上也得到了相同的答案。如果比起画箭头而言，你更加喜欢这种方法，那么在下一页的“游戏时间”中，你可以尽情地使用这种“添加 0”的方法。在这种长除法中，计算步骤是：除法！乘法！添加 0！减法！挪下来！

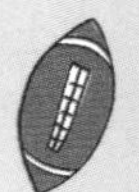

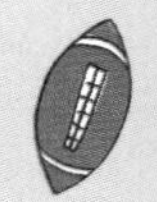

使用 210 页上的传统长除法来计算下列除法。当然，你也可以使用“添加 0”的方法（见 212 页）。如果你愿意，还可以在长除法中画上“高速公路”来指引方向。我做第 1 题示范给你看！

1. $4\overline{)368}$ 商：?

一起来玩吧：看看 210 页上的步骤。第一步：除法！3 里面包含几个 4 呢？一个都没有！那么 36 里包含几个 4 呢？我们知道 4 × 9 = 36，所以将 9 写在 6 上方的屋顶上。这个“6”就是“36”这个数的最后一位。第二步：乘法！将屋顶上的数字与除数相乘：9 × 4 = 36，再将乘积 36 写在被除数“36”的下方。第三步：减法！计算减法 36 - 36 = 0。虽然得到了 0，但这并不意味着我们已经完成了所有计算，我们还得将被除数中的 8 挪下来。这时，出现了新的被除数“08”，实际上就是 8！

```
    9            9             92
4)368   →    4)368    →    4)368
 -36          -36↓          -36↓
   0            08             08
                                -8
 等等！                          0
还没完呢！
```

现在，我们重复以上步骤。第一步：除法！8 里面包含几个 4 呢？刚好包含 2 个，于是我们将 2 写在屋顶上。第二步：乘法！计算 4 × 2 = 8，并将乘积 8 写在被除数“8”的下方。第三步：减法！计算减法 8 - 8 = 0。因为现在再没有可以挪下来的数字了，所以我们已经完成了这道计算题。由于最后一步减法计算的结果为 0，所以这道题没有余数，答案就是 92。完成！

答案：368 ÷ 4 = 92

继续！→

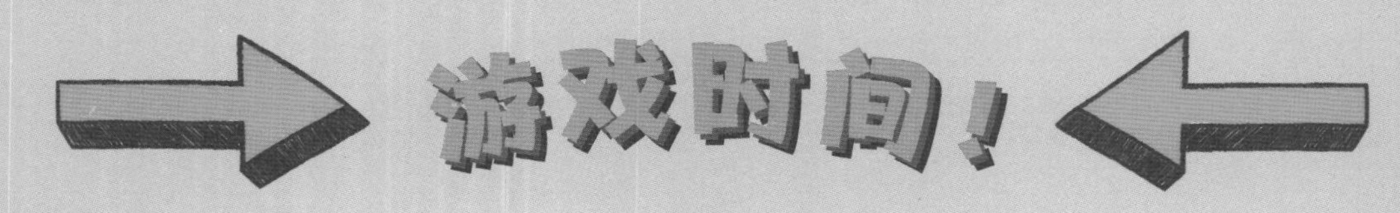
游戏时间！

顺便说一下，下面使用的是我们在 212 页上学习的“添加 0”的方法。

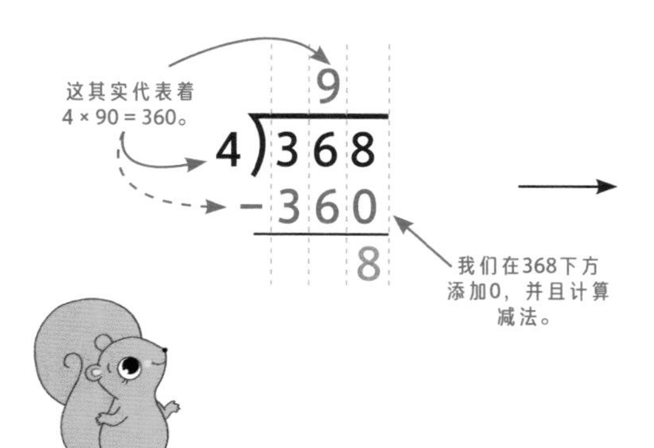
这其实代表着
4 × 90 = 360。
9
4)368
-360
8
我们在368下方
添加0，并且计算
减法。

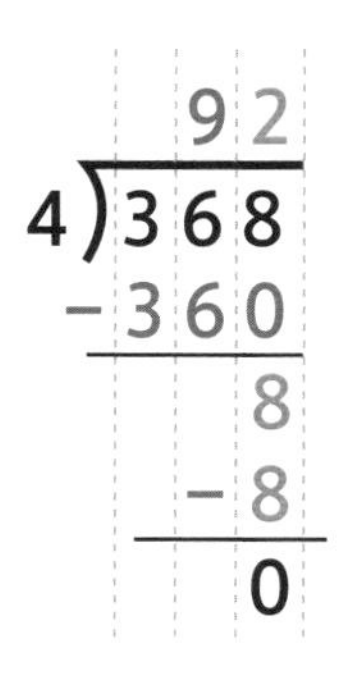
92
4)368
-360
8
-8
0
完成！

你可以选择你喜欢的方法来计算下列除法！

2. $3\overline{)69}$?

3. $4\overline{)88}$?

4. $4\overline{)432}$?

5. $5\overline{)555}$?

6. $6\overline{)567}$?

7. $5\overline{)875}$?

8. $5\overline{)788}$?

9. $2\overline{)98}$?

10. $3\overline{)405}$?

11. $772 \div 9 =$?

提示：先写成“除号小屋”的形式！

12. $874 \div 2 =$?

13. $999 \div 3 =$?

14. $749 \div 7 =$?

15. $391 \div 8 =$?

16. $313 \div 3 =$?

17. $4367 \div 4 =$?

提示：用同样的方法计算——你能行的！

18. $3910 \div 8 =$?

19. $4599 \div 7 =$?

（答案见 222 页）

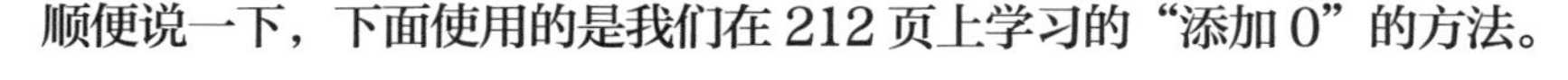

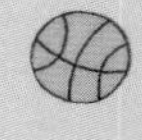

大部分课本中都不会在长除法中加入“高速公路”的线条。但我认为，这些线条能帮助你将长除法中的数字排列得更加整齐。我想你的老师也会喜欢书写更加整齐的卷面！

为什么我们叫它“长除法”？它看上去还没有“糖果”分配法长呢！

也许是因为它像高速公路一样不断延展吧。

时空穿梭机，带我们回家吧！
运行中
呼啦！
哇！这可真是一场奇妙的旅行啊。我们去了许多地方：埃及、墨西哥、中国、法国……
还品尝了各种美食。
并且一直在学习数学知识！
这真是一场不错的冒险，是吧？你们学到的数学知识将帮助未来的你完成各种各样的工作。
我想我会成为一名宇航员，或者一名科学家，一名美食科学家！
我想当一名建筑师，修建许多好看的房屋！我还想当一名商人，或者时尚设计师。我要开商店，售卖各种闪闪发光的波点服装。我还想当一名帅气的总裁，在巴黎、罗马的时尚界大展身手！
学好数学可以帮助你们达成这些愿望。
我觉得数学真的可以带你去各种不同的地方。
我十分赞同你的观点。

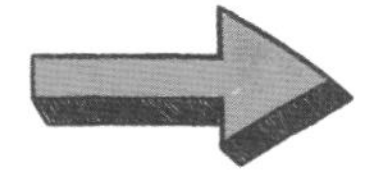

答案

第一章

p.20–21
2. 2行，8列；2 × 8 = 16　3. 3行，3列；3 × 3 = 9　4. 3行，4列；3 × 4 = 12
5. 4行，3列；4 × 3 = 12　6. 3行，5列；3 × 5 = 15　7. 4行，6列；4 × 6 = 24
8. 5行，5列；5 × 5 = 25　9. 3行，7列；3 × 7 = 21　10. 4行，9列；4 × 9 = 36

p.25
2. 乘数：4和6；乘积：24，6 × 4 = 24　3. 乘数：5和3；乘积：15，3 × 5 = 15
4. 乘数：4和6；乘积：24，24 = 6 × 4　5. 乘数：6和7；乘积：42，7 × 6 = 42
6. 乘数：7和8；乘积：56，56 = 8 × 7　7. 乘数：0和7；乘积：0，7 × 0 = 0
8. 乘数：10和2；乘积：20，20 = 2 × 10　9. 乘数：8和6；乘积：48，6 × 8 = 48
10. 乘数：7和9；乘积：63，9 × 7 = 63　11. 乘数：3和7；乘积：21，21 = 7 × 3
12. 乘数：5和6；乘积：30，30 = 6 × 5　13. 乘数：1和3；乘积：3，3 × 1 = 3

p.27
2. A　3. D　4. B　5. E

第二章

p.37
2. 5 × 4 = 20　3. 3 × 7 = 21　4. 6 × 3 = 18　5. 5 × 9 = 45　6. 4 × 8 = 32　7. 3 × 5 = 15
8. 9 × 9 = 81　9. 10 × 2 = 20　10. 6 × 6 = 36　11. 9 × 3 = 27　12. 6 × 7 = 42　13. 8 × 6 = 48
14. 7 × 7 = 49　15. 5 × 1 = 5　16. 8 × 7 = 56　17. 12 × 4 = 48　18. 7 × 4 = 28　19. 8 × 4 = 32
20. 8 × 8 = 64　21. 10 × 9 = 90　22. 4 × 6 = 24　23. 7 × 5 = 35　24. 11 × 6 = 66　25. 7 × 8 = 56
26. 9 × 7 = 63　27. 12 × 12 = 144　28. 11 × 8 = 88　29. 11 × 12 = 132

第三章

p.45
2. 7 × 13 = （7 × 3）+（7 × 10）= 91　3. 5 × 15 = （5 × 5）+（5 × 10）= 75
4. 6 × 14 = （6 × 10）+（6 × 4）= 84　5. 4 × 16 = （4 × 10）+（4 × 6）= 64
6. 4 × 17 = （4 × 7）+（4 × 10）= 68　7. 8 × 12 = （8 × 2）+（8 × 10）= 96

第四章

p.50
2. 12 ÷ 4 = 3　3. 15 ÷ 3 = 5　4. 12 ÷ 3 = 4　5. 10 ÷ 5 = 2　6. 16 ÷ 4 = 4
7. 16 ÷ 2 = 8　8. 12 ÷ 4 = 3　9. 21 ÷ 3 = 7　10. 15 ÷ 3 = 5（或15 ÷ 5 = 3）

p.56
2. 2 × 3 = 6，3 × 2 = 6，6 ÷ 2 = 3，6 ÷ 3 = 2　3. 10 × 9 = 90，9 × 10 = 90，90 ÷ 10 = 9，90 ÷ 9 = 10
4. 7 × 8 = 56，8 × 7 = 56，56 ÷ 7 = 8，56 ÷ 8 = 7　5. 6 × 5 = 30，5 × 6 = 30，30 ÷ 6 = 5，30 ÷ 5 = 6
6. 9 × 2 = 18，2 × 9 = 18，18 ÷ 9 = 2，18 ÷ 2 = 9　7. 6 × 7 = 42，7 × 6 = 42，42 ÷ 6 = 7，42 ÷ 7 = 6
8. 4 × 1 = 4，1 × 4 = 4，4 ÷ 4 = 1，4 ÷ 1 = 4　9. 8 × 6 = 48，6 × 8 = 48，48 ÷ 8 = 6，48 ÷ 6 = 8
10. 5 × 11 = 55，11 × 5 = 55，55 ÷ 5 = 11，55 ÷ 11 = 5　11. 8 × 4 = 32，4 × 8 = 32，32 ÷ 8 = 4，32 ÷ 4 = 8
12. 6 × 6 = 36，36 ÷ 6 = 6　13. 63 ÷ 7 = 9，63 ÷ 9 = 7，7 × 9 = 63，9 × 7 = 63
14. 28 ÷ 7 = 4，28 ÷ 4 = 7，7 × 4 = 28，4 × 7 = 28　15. 84 ÷ 7 = 12，84 ÷ 12 = 7，7 × 12 = 84，12 × 7 = 84
16. 54 ÷ 9 = 6，54 ÷ 6 = 9，9 × 6 = 54，6 × 9 = 54　17. 18 ÷ 6 = 3，18 ÷ 3 = 6，6 × 3 = 18，3 × 6 = 18
18. 132 ÷ 11 = 12，132 ÷ 12 = 11，11 × 12 = 132，12 × 11 = 132
19. 27 ÷ 3 = 9，27 ÷ 9 = 3，3 × 9 = 27，9 × 3 = 27　20. 100 ÷ 10 = 10，10 × 10 = 100
21. 12 × 12 = 144，144 ÷ 12 = 12

p.59　2. 7 × ? = 49和49 ÷ 7 = 7　3. 2 × ? = 12和12 ÷ 2 = 6　4. 6 × ? = 12和12 ÷ 6 = 2
5. 5 × ? = 20和20 ÷ 5 = 4　6. 4 × ? = 20和20 ÷ 4 = 5　7. 4 × ? = 24和24 ÷ 4 = 6
8. 6 × ? = 24和24 ÷ 6 = 4　9. 7 × ? = 63和63 ÷ 7 = 9　10. 10 × ? = 110和110 ÷ 10 = 11
11. 11 × ? = 110和110 ÷ 11 = 10　12. 8 × ? = 56和56 ÷ 8 = 7　13. 7 × ? = 56和56 ÷ 7 = 8

p.64　2. 3　3. 2　4. 10　5. 10　6. 8　7. 7　8. 4　9. 11　10. 7　11. 8　12. 9　13. 6
14. 6　15. 5　16. 12　17. 9　18. 6　19. 9　20. 5　21. 12　22. 11　23. 8　24. 9　25. 11

第五章

p.77　2. 2 × 2 = 4　3. 5 × 0 = 0　4. 1 × 6 = 6　5. 5 × 2 = 10　6. 11 × 2 = 22　7. 8 × 1 = 8
8. 10 × 2 = 20　9. 2 × 8 = 16　10. 2 × 3 = 6　11. 6 × 2 = 12　12. 0 × 1 = 0　13. 8 × 2 = 16
14. 2 × 4 = 8　15. 8 × 0 = 0　16. 2 × 9 = 18　17. 7 × 2 = 14　18. 1 × 1 = 1　19. 12 × 1 = 12
20. 2 × 12 = 24　21. 0 × 0 = 0

p.78　2. 2 ÷ 1 = 2　3. 0 ÷ 5 = 0　4. 6 ÷ 6 = 1　5. 10 ÷ 2 = 5　6. 22 ÷ 11 = 2　7. 8 ÷ 1 = 8
8. 20 ÷ 2 = 10　9. 16 ÷ 2 = 8　10. 6 ÷ 3 = 2　11. 12 ÷ 2 = 6　12. 0 ÷ 1 = 0　13. 16 ÷ 8 = 2
14. 8 ÷ 2 = 4　15. 12 ÷ 1 = 12　16. 18 ÷ 2 = 9　17. 14 ÷ 7 = 2　18. 1 ÷ 1 = 1　19. 12 ÷ 12 = 1
20. 24 ÷ 12 = 2　21. 18 ÷ 9 = 2

p.85　2. 3 × 3 = 9　3. 3 × 6 = 18　4. 3 × 4 = 12　5. 3 × 8 = 24　6. 3 × 7 = 21　7. 4 × 3 = 12
8. 5 × 3 = 15　9. 3 × 0 = 0　10. 3 × 2 = 6　11. 8 × 3 = 24　12. 3 × 5 = 15　13. 7 × 3 = 21
14. 2 × 3 = 6　15. 5 × 3 = 15　16. 1 × 3 = 3　17. 6 × 3 = 18

p.86　2. 6 ÷ 2 = 3　3. 15 ÷ 3 = 5　4. 18 ÷ 3 = 6　5. 6 ÷ 3 = 2　6. 15 ÷ 5 = 3　7. 0 ÷ 3 = 0
8. 21 ÷ 7 = 3　9. 24 ÷ 3 = 8　10. 9 ÷ 3 = 3　11. 3 ÷ 1 = 3　12. 21 ÷ 3 = 7　13. 12 ÷ 4 = 3
14. 24 ÷ 8 = 3　15. 12 ÷ 3 = 4　16. 18 ÷ 6 = 3

p.90　2. 4 × 4 = 16　3. 4 × 7 = 28　4. 4 × 6 = 24　5. 4 × 8 = 32　6. 4 × 3 = 12　7. 2 × 4 = 8
8. 1 × 4 = 4　9. 4 × 0 = 0　10. 5 × 4 = 20　11. 4 × 1 = 4　12. 4 × 5 = 20　13. 3 × 4 = 12
14. 8 × 4 = 32　15. 4 × 2 = 8　16. 6 × 4 = 24　17. 7 × 4 = 28

p.91　2. 16 ÷ 4 = 4　3. 20 ÷ 4 = 5　4. 24 ÷ 6 = 4　5. 4 ÷ 2 = 2　6. 12 ÷ 3 = 4　7. 4 ÷ 4 = 1
8. 0 ÷ 4 = 0　9. 32 ÷ 4 = 8　10. 12 ÷ 4 = 3　11. 20 ÷ 5 = 4　12. 28 ÷ 7 = 4　13. 24 ÷ 4 = 6
14. 28 ÷ 4 = 7　15. 4 ÷ 1 = 4　16. 8 ÷ 2 = 4

p.96　2. 5 × 4 = 20　3. 1 × 5 = 5　4. 5 × 6 = 30　5. 5 × 3 = 15　6. 7 × 5 = 35　7. 0 × 5 = 0
8. 8 × 5 = 40　9. 5 × 5 = 25　10. 2 × 5 = 10　11. 6 × 5 = 30　12. 3 × 5 = 15　13. 4 × 5 = 20
14. 5 × 8 = 40　15. 5 × 2 = 10　16. 5 × 7 = 35　17. 5 × 0 = 0

p.97　2. 50 ÷ 5 = 10　3. 25 ÷ 5 = 5　4. 30 ÷ 5 = 6　5. 10 ÷ 5 = 2　6. 15 ÷ 5 = 3　7. 40 ÷ 8 = 5
8. 20 ÷ 4 = 5　9. 40 ÷ 5 = 8　10. 15 ÷ 3 = 5　11. 30 ÷ 6 = 5　12. 35 ÷ 5 = 7　13. 0 ÷ 5 = 0
14. 35 ÷ 7 = 5　15. 5 ÷ 1 = 5　16. 45 ÷ 5 = 9　17. 10 ÷ 2 = 5

p.100　2. 6 × 4 = 24　3. 6 × 8 = 48　4. 6 × 3 = 18　5. 6 × 7 = 42　6. 6 × 6 = 36　7. 3 × 6 = 18
8. 1 × 6 = 6　9. 6 × 2 = 12　10. 6 × 0 = 0　11. 7 × 6 = 42　12. 6 × 5 = 30　13. 8 × 6 = 48
14. 6 × 1 = 6　15. 2 × 6 = 12　16. 5 × 6 = 30　17. 4 × 6 = 24

p.101 2. $24 \div 4 = 6$ 3. $30 \div 6 = 5$ 4. $24 \div 6 = 4$ 5. $12 \div 2 = 6$ 6. $18 \div 3 = 6$ 7. $48 \div 8 = 6$
8. $6 \div 6 = 1$ 9. $48 \div 6 = 8$ 10. $18 \div 6 = 3$ 11. $0 \div 6 = 0$ 12. $42 \div 6 = 7$ 13. $6 \div 1 = 6$
14. $42 \div 7 = 6$ 15. $48 \div 6 = 8$ 16. $12 \div 6 = 2$

p.104 2. $7 \times 6 = 42$ 3. $7 \times 3 = 21$ 4. $7 \times 4 = 28$ 5. $7 \times 8 = 56$ 6. $7 \times 7 = 49$ 7. $0 \times 7 = 0$
8. $1 \times 7 = 7$ 9. $6 \times 7 = 42$ 10. $8 \times 7 = 56$ 11. $7 \times 2 = 14$ 12. $7 \times 5 = 35$ 13. $4 \times 7 = 28$
14. $3 \times 7 = 21$ 15. $2 \times 7 = 14$ 16. $5 \times 7 = 35$ 17. $7 \times 0 = 0$

p.105 2. $28 \div 4 = 7$ 3. $35 \div 7 = 5$ 4. $28 \div 7 = 4$ 5. $14 \div 2 = 7$ 6. $21 \div 3 = 7$ 7. $63 \div 7 = 9$
8. $70 \div 7 = 10$ 9. $56 \div 8 = 7$ 10. $21 \div 7 = 3$ 11. $7 \div 7 = 1$ 12. $42 \div 7 = 6$ 13. $0 \div 7 = 0$
14. $49 \div 7 = 7$ 15. $63 \div 9 = 7$ 16. $56 \div 7 = 8$

p.107 2. $8 \times 4 = 32$ 3. $8 \times 3 = 24$ 4. $8 \times 6 = 48$ 5. $8 \times 8 = 64$ 6. $8 \times 7 = 56$ 7. $1 \times 8 = 8$
8. $3 \times 8 = 24$ 9. $7 \times 8 = 56$ 10. $5 \times 8 = 40$ 11. $8 \times 2 = 16$ 12. $8 \times 5 = 40$ 13. $0 \times 8 = 0$
14. $4 \times 8 = 32$ 15. $2 \times 8 = 16$ 16. $6 \times 8 = 48$ 17. $8 \times 1 = 8$

p.108 2. $32 \div 4 = 8$ 3. $40 \div 8 = 5$ 4. $32 \div 8 = 4$ 5. $16 \div 2 = 8$ 6. $48 \div 6 = 8$ 7. $56 \div 7 = 8$
8. $24 \div 3 = 8$ 9. $56 \div 8 = 7$ 10. $24 \div 8 = 3$ 11. $0 \div 8 = 0$ 12. $48 \div 8 = 6$ 13. $8 \div 8 = 1$
14. $64 \div 8 = 8$ 15. $40 \div 5 = 8$ 16. $16 \div 8 = 2$ 17. $8 \div 1 = 8$

p.115 2. $3 \times 9 = 27$ 3. $1 \times 9 = 9$ 4. $6 \times 9 = 54$ 5. $7 \times 9 = 63$ 6. $9 \times 2 = 18$ 7. $9 \times 5 = 45$
8. $4 \times 9 = 36$ 9. $8 \times 9 = 72$ 10. $2 \times 9 = 18$ 11. $9 \times 9 = 81$ 12. $5 \times 9 = 45$ 13. $9 \times 3 = 27$
14. $9 \times 8 = 72$ 15. $9 \times 0 = 0$ 16. $9 \times 7 = 63$ 17. $9 \times 6 = 54$

p.116 2. $36 \div 4 = 9$ 3. $45 \div 9 = 5$ 4. $36 \div 9 = 4$ 5. $18 \div 2 = 9$ 6. $72 \div 8 = 9$ 7. $63 \div 7 = 9$
8. $72 \div 9 = 8$ 9. $63 \div 9 = 7$ 10. $0 \div 9 = 0$ 11. $27 \div 9 = 3$ 12. $54 \div 9 = 6$ 13. $9 \div 9 = 1$
14. $81 \div 9 = 9$ 15. $45 \div 5 = 9$ 16. $27 \div 3 = 9$ 17. $54 \div 6 = 9$

p.121 2. $3 \times 10 = 30$ 3. $1 \times 10 = 10$ 4. $6 \times 10 = 60$ 5. $11 \times 10 = 110$ 6. $10 \times 2 = 20$ 7. $10 \times 5 = 50$
8. $12 \times 10 = 120$ 9. $8 \times 10 = 80$ 10. $25 \times 10 = 250$ 11. $17 \times 10 = 170$ 12. $82 \times 10 = 820$
13. $10 \times 54 = 540$ 14. $10 \times 88 = 880$ 15. $10 \times 0 = 0$ 16. $10 \times 23 = 230$ 17. $53 \times 10 = 530$
18. $44 \times 10 = 440$ 19. $10 \times 12 = 120$ 20. $10 \times 72 = 720$ 21. $10 \times 30 = 300$ 22. $77 \times 10 = 770$

p.122 2. $80 \div 10 = 8$ 3. $50 \div 10 = 5$ 4. $100 \div 10 = 10$ 5. $120 \div 10 = 12$ 6. $110 \div 10 = 11$
7. $630 \div 10 = 63$ 8. $900 \div 10 = 90$ 9. $840 \div 10 = 84$ 10. $1080 \div 10 = 108$
11. $290 \div 10 = 29$ 12. $550 \div 10 = 55$ 13. $1180 \div 10 = 118$ 14. $170 \div 10 = 17$ 15. $10 \div 10 = 1$
16. $370 \div 10 = 37$ 17. $90 \div 10 = 9$ 18. $1720 \div 10 = 172$ 19. $780 \div 10 = 78$ 20. $990 \div 10 = 99$
21. $0 \div 10 = 0$ 22. $280 \div 10 = 28$

p.127 2. $3 \times 11 = 33$ 3. $1 \times 11 = 11$ 4. $6 \times 11 = 66$ 5. $11 \times 11 = 121$ 6. $11 \times 2 = 22$ 7. $11 \times 5 = 55$
8. $11 \times 11 = 121$ 9. $8 \times 11 = 88$ 10. $4 \times 11 = 44$ 11. $11 \times 11 = 121$ 12. $7 \times 11 = 77$
13. $10 \times 11 = 110$ 14. $11 \times 11 = 121$ 15. $11 \times 0 = 0$ 16. $11 \times 8 = 88$ 17. $11 \times 9 = 99$

p.128 2. $44 \div 4 = 11$ 3. $99 \div 9 = 11$ 4. $88 \div 11 = 8$ 5. $121 \div 11 = 11$ 6. $11 \div 1 = 11$
7. $77 \div 11 = 7$ 8. $121 \div 11 = 11$ 9. $110 \div 10 = 11$ 10. $11 \div 11 = 1$ 11. $121 \div 11 = 11$
12. $66 \div 11 = 6$ 13. $0 \div 11 = 0$ 14. $55 \div 11 = 5$ 15. $121 \div 11 = 11$ 16. $99 \div 9 = 11$
17. $121 \div 11 = 11$

p.134 2. 3 × 12 = 36 3. 1 × 12 = 12 4. 6 × 12 = 72 5. 12 × 11 = 132 6. 12 × 2 = 24 7. 12 × 5 = 60 8. 12 × 12 = 144 9. 8 × 12 = 96 10. 2 × 12 = 24 11. 9 × 12 = 108 12. 12 × 7 = 84 13. 10 × 12 = 120 14. 12 × 8 = 96 15. 12 × 0 = 0 16. 11 × 12 = 132 17. 5 × 12 = 60 18. 4 × 12 = 48 19. 9 × 12 = 108 20. 7 × 12 = 84 21. 12 × 3 = 36

p.135 2. 48 ÷ 4 = 12 3. 108 ÷ 9 = 12 4. 48 ÷ 12 = 4 5. 96 ÷ 8 = 12 6. 12 ÷ 1 = 12 7. 84 ÷ 7 = 12 8. 120 ÷ 10 = 12 9. 24 ÷ 2 = 12 10. 72 ÷ 12 = 6 11. 24 ÷ 12 = 2 12. 12 ÷ 12 = 1 13. 132 ÷ 11 = 12 14. 84 ÷ 12 = 7 15. 60 ÷ 5 = 12 16. 132 ÷ 12 = 11 17. 60 ÷ 12 = 5 18. 0 ÷ 12 = 0 19. 96 ÷ 12 = 8 20. 72 ÷ 6 = 12 21. 36 ÷ 12 = 3

pp.136–138 请登录TheTimeMachine.com网站获取答案。

第六章

p.144 2. 24 3. 15 4. 2 5. 50 6. 13 7. 1 8. 13 9. 8 10. 72 11. 36 12. 4 13. 36

p.149 2. 12 × 5 = 60 3. 6 × 9 = 54 4. 6 × 12 = 72 5. 8 × 9 = 72 6. 10 × 11 = 110 7. 10 × 10 = 100 8. 7 × 8 = 56 9. 12 × 7 = 84 10. 6 × 11 = 66

p.153 2. 140 3. 360 4. 450 5. 1200 6. 1600 7. 3200 8. 250000 9. 300000 10. 6300000

第七章

p.158 2. 2 × 4 + 1 = 9和9 ÷ 2 = 4……1 3. 3 × 4 + 1 = 13和13 ÷ 3 = 4……1 4. 3 × 3 + 2 = 11和11 ÷ 3 = 3……2 5. 4 × 2 + 2 = 10和10 ÷ 4 = 2……2 6. 5 × 2 + 3 = 13和13 ÷ 5 = 2……3 7. 6 × 3 + 1 = 19和19 ÷ 6 = 3……1

p.162 2. 4……4 3. 6……1 4. 6……3 5. 4……1 6. 9……3 7. 11……2 8. 7……2 9. 7……4 10. 6……2 11. 4……1 12. 10……7 13. 12……2 14. 8……1 15. 2……8 16. 8……4 17. 12……1

第八章

p.169 2. 138 3. 95 4. 252 5. 178 6. 182 7. 492 8. 704 9. 940 10. 1236

p.177 2. 128 3. 408 4. 539 5. 204 6. 198 7. 198 8. 690 9. 2466 10. 615 11. 3112 12. 412 13. 2525

p.183 2. 54平方厘米或54 cm^2 3. 108平方米或108 m^2 4. 200平方毫米或200 mm^2 5. 49平方分米或49 dm^2 6. 21平方米或21 m^2 7. 360平方毫米或360 mm^2

第九章

p.189

2.

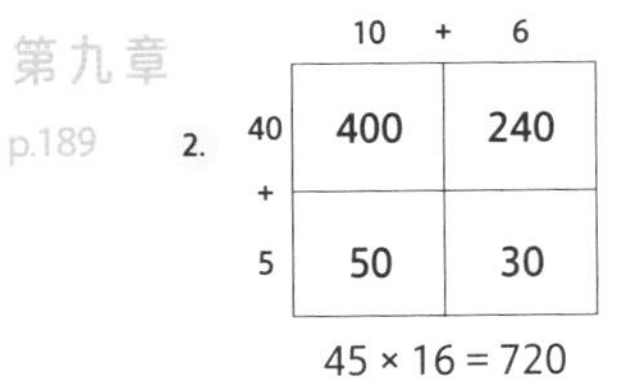

45 × 16 = 720

3.

	50	2
20	1000	40
3	150	6

23 × 52 = 1196

4.

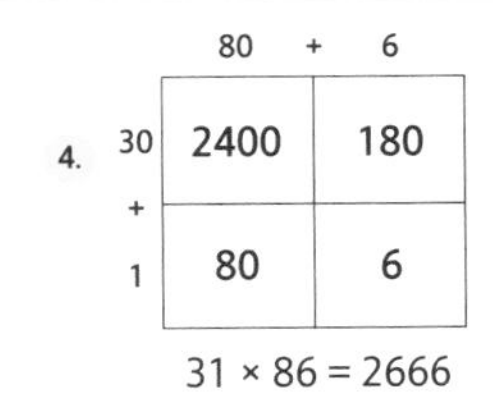

31 × 86 = 2666

5. 1474　6. 936　7. 2752　8. 2184　9. 4416　10. 9801

p.194　2. 621　3. 1581　4. 2666　5. 342　6. 1768　7. 864　8. 2860　9. 1474　10. 1012

第十章

p.204

2.

百位	十位	个位

369 ÷ 3 = 123

3.

百位	十位	个位

848 ÷ 4 = 212

4.

百位	十位	个位

剩下2个

308 ÷ 3 = 102……2

5.

百位	十位	个位

退位

255 ÷ 5 = 51

6.

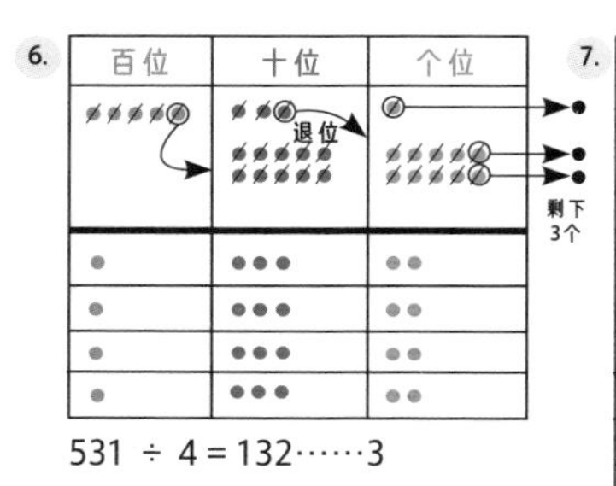

531 ÷ 4 = 132……3

7.

百位	十位	个位

退位

624 ÷ 6 = 104

p.214　2. 23　3. 22　4. 108　5. 111　6. 94……3　7. 175　8. 157……3　9. 49　10. 135　11. 85……7　12. 437　13. 333　14. 107　15. 48……7　16. 104……1　17. 1091……3　18. 488……6　19. 657

给大人的“新数学”操作指南！

这份指南介绍了书中一些较为新颖的数学术语和方法，以及在书中可以找到更多有关讲解的位置。

阵列 （乘法见17页） （除法见49页）	这是由圆点（也可以是其他物体）排列组成的阵列，可以描述乘法（和除法）问题。	这个阵列表示3 × 6 = 18 ● ● ● ● ● ● ● ● ● ● ● ● ● ● ● ● ● ● 和18 ÷ 3 = 6。
分配律 （见41页）	这种方法是将乘法算式中较大的乘数拆分成较小的数字。	这里，我们将12拆分成2和10： 3 × 12 = 3 × 2 + 3 × 10
基本形式 （见54页）	这是相关乘法和除法的算式家族。每个算式都使用了同一组数字（通常是3个数字）。 基本形式展示出乘法和除法算式的“紧密”关系。	这里是7，9和63的全体基本形式： 7 × 9 = 63　63 = 9 × 7 9 × 7 = 63　63 = 7 × 9 63 ÷ 9 = 7　7 = 63 ÷ 9 63 ÷ 7 = 9　9 = 63 ÷ 7
部分乘积 （见171页）	这是一种不需要重新组合（也叫作进位，指将写在顶上的“小号”数字挪下来并相加）就能计算乘法的方法。这种方法需要将每一部分的乘积写下来，然后将它们相加得到最终答案。	13 × 15：15, 50 → 13 × 15：15, 50, 30, 100 → 然后，将它们相加！ 15 + 50 + 30 + 100 = 195

面积模型 两位数乘法（见184页）	这些方格代表着面积！它们能将复杂的算式拆分成简单的问题，从而帮助我们计算两位数乘法。我们将简单的乘法算式的乘积相加就能得到正确答案！	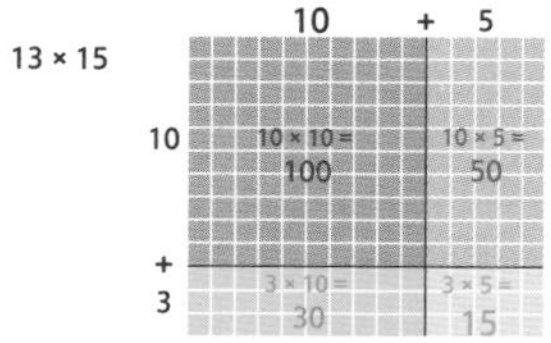 13 × 15 10 + 5 10 + 3 10 × 10 = 100　10 × 5 = 50 3 × 10 = 30　3 × 5 = 15 100 + 50 + 30 + 15 = 195
方格法（窗格法） 两位数乘法（见187页）	这个与之前的面积模型类似，但是这里的方格大小相同。这种方法是将乘数拆分开，把困难的问题变成4个更加简单的乘法算式。	36 × 79: 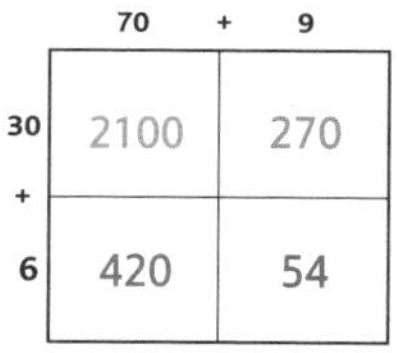 70 + 9 30 + 6 2100　270 420　54 2100 + 270 + 420 + 54 = 2844
除法的位值表 （见198页）	这是一种计算除法的较为直观的方法。我们将圆点填入图表，以此代表不同的数字。圆点可以代表一、十、百等等。不同列中圆点的数目代表着不同的数字。阅读208页至209页，可以对比这种方法和传统长除法之间的异同！	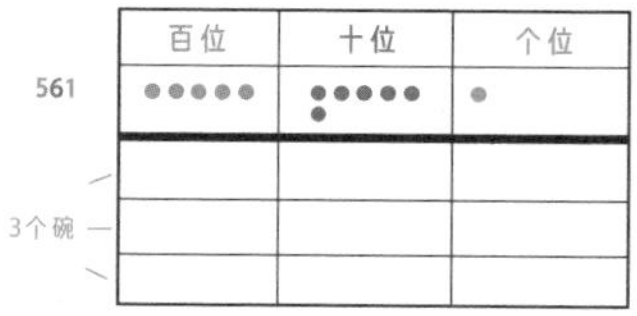 561 百位　十位　个位 3个碗